社会資本整備の空間経済分析

汎用型空間的応用一般均衡モデル (RAEM-Light) による実証方法

博士(工学) 小池淳司 著

コロナ社

まえがき

「ある社会資本整備が本当に必要かどうか？」という問いかけには，わが国では費用便益分析マニュアルの整備とともに，ある一定程度，定量的な判断が可能であるという認識が定着しつつあり，B/C（ビーバイシー，費用便益比）という用語が一般的になりつつある．しかし，この質問には「誰にとっての社会資本整備が必要なのか？」という部分が明確にされていないばかりに，社会資本整備の評価に関する議論の混乱を生んでいることも間違いのない事実である．つまり，効果的な社会資本整備の場合，その事業が完成のあかつきには利用者にとってはたいへん有意義であり，その地域の住民にも歓迎されるものであろう．一方で，その整備の費用負担者は彼らのみでないことを考えると，必ずしもこの社会資本整備が必要でない人々が存在する．もちろん，ここでは恩恵を受ける利用者は社会資本整備に賛成し，一方で費用負担のみを強いられる人は利己的に考えるならば整備に反対するであろう．通常のB/Cの議論では，この個々人が社会資本整備に対する評価の部分を十分に説明することができず，整備が社会全体としてプラスかマイナスかを判断しているにすぎない．そこで，より高度な社会資本整備の妥当性，あるいは，計画・評価に際しては，社会資本整備により，どの地域のどのような人々がどの程度の効果を受けるのか，あるいは負担を強いられるのか，を定量的に知ることが，よりよい社会資本整備をはかるうえで重要になってきている．

このような疑問に対する学術的貢献が「社会資本整備の空間経済分析」である．そのなかでは，空間的応用一般均衡分析が主要な分析手法とされ，非常に高度な経済理論が応用されている．本書は，この空間的応用一般均衡分析の概要をなるべく簡単に解説するテキストとして，そして，われわれが開発した，汎用型空間的応用一般均衡モデル（RAEM-Light）を用いた実証分析を通じて，

まえがき

土木計画学を学ぶ大学院生あるいは経験の浅い実務者でも簡単にこの手法が利用可能となるように解説したものである。この RAEM-Light は，オランダ応用科学研究機構（NEDERLANDSE ORGANISATIE VOOR TOEGEPAST NATUURWETENSCHAPPELIJK ONDERZOEK, TNO）が開発した RAEM2.0 モデルをベースに，著者とデルフト工科大学 Lori Tavasszy 教授，RPB 研究所 Mark Thissen 博士が共同開発したモデルであり，名前を RAEM-Light とした。また，故 上田孝行先生（元 東京大学教授）により汎用型空間的応用一般均衡モデルと命名していただいたものである。

本書が社会資本整備に携わる多くの人にとって，空間的応用一般均衡分析の学術的発展だけでなく，実務に定着していくための契機となれば幸いである。そして，よりよい国土構造を実現すべく効果的な社会資本整備計画の策定に役立つことを期待している。

本書を刊行するにあたり，復建調査設計株式会社の佐藤啓輔氏，三菱 UFJ リサーチ&コンサルティング株式会社の右近崇氏，株式会社日通総合研究所の川本信秀氏，一般社団法人システム科学研究所の片山慎太郎氏をはじめ，RAEM-Light Committee のメンバーに多くの情報提供をいただいた。また，コロナ社の方々には忍耐強く心温かいご協力に支えられてきた。ここに記して感謝する次第である。

2018 年 11 月

神戸大学大学院　小池淳司

目　　次

1．序　　章

1.1　はじめに …………………………………………………………… 1
1.2　応用一般均衡分析の歴史と概要 ………………………………… 3
1.3　空間的応用一般均衡分析の概要 ………………………………… 5
　1.3.1　家計の行動モデル …………………………………………… 5
　1.3.2　企業の行動モデル …………………………………………… 7
　1.3.3　市場均衡と計算アルゴリズム ……………………………… 8
1.4　経済均衡分析の利用可能性 ……………………………………… 11

2．汎用型空間的応用一般均衡モデル（RAEM-Light）

2.1　はじめに …………………………………………………………… 13
2.2　RAEM-Light の概要 ……………………………………………… 15
　2.2.1　モデルに用いる変数のリスト ……………………………… 15
　2.2.2　モデルの前提条件 …………………………………………… 16
　2.2.3　家計の行動モデル …………………………………………… 17
　2.2.4　企業の行動モデル …………………………………………… 18
　2.2.5　交易のモデル化 ……………………………………………… 19
　2.2.6　市場均衡条件 ………………………………………………… 20
　2.2.7　パラメータの設定 …………………………………………… 22
　2.2.8　計算の手順 …………………………………………………… 25

2.2.9　厚生分析の方法 …………………………………………………………26
2.3　Excel による RAEM-Light の計算方法 ……………………………………27
　　2.3.1　Excel のファイルについて ……………………………………………27
　　2.3.2　RAEM-Light（簡易版）の想定する経済構造と前提条件 ……………28
　　2.3.3　想定する政策シナリオ …………………………………………………29
　　2.3.4　Excel マクロ操作方法 …………………………………………………29
2.4　実務レベルでの RAEM-Light の計算方法 …………………………………34
　　2.4.1　対象範囲と対象プロジェクト …………………………………………35
　　2.4.2　交易パラメータの推定方法 ……………………………………………38
　　2.4.3　現況再現性確認 …………………………………………………………41
　　2.4.4　算　出　結　果 …………………………………………………………42
　　2.4.5　政策的インプリケーション ……………………………………………50
2.5　RAEM-Light の特徴と注意点 ………………………………………………51

3.　汎用型空間的応用一般均衡モデル（RAEM-Light）の応用事例

3.1　地域経済への波及効果の分析 …………………………………………………54
　　3.1.1　モデルの改良点 …………………………………………………………55
　　3.1.2　パラメータの設定・現況再現性 ………………………………………56
　　3.1.3　分析結果と政策的含意 …………………………………………………65
3.2　道路料金を考慮したモデルの拡張 ……………………………………………76
　　3.2.1　モデルの改良点 …………………………………………………………77
　　3.2.2　モデルの設定条件 ………………………………………………………82
　　3.2.3　分析結果と政策的含意 …………………………………………………88
3.3　港湾整備を考慮したモデルの拡張 ……………………………………………94
　　3.3.1　モデルの改良点（既存モデルに付加する構造）………………………94
　　3.3.2　道路整備・港湾整備を考慮した RAEM-Light の全体構造 …………99
　　3.3.3　実　証　分　析 …………………………………………………………104

  3.3.4 分析結果と政策的含意 ……………………………………………… 115

4. 汎用型空間的応用一般均衡モデル（RAEM-Light）の拡張事例

4.1 より詳細な中間財構造の導入モデル ……………………………… 121
  4.1.1 既存モデルにおける中間財構造の問題点 ……………………… 121
  4.1.2 より詳細な中間財構造の導入 …………………………………… 123
  4.1.3 数値シミュレーション …………………………………………… 125
4.2 その他の RAEM-Light 拡張の可能性 …………………………… 127
  4.2.1 本源的需要としての交通需要の導入 …………………………… 127
  4.2.2 独占的競争に代表される不完全競争市場の導入 ……………… 128
  4.2.3 交通整備の生産性向上効果の導入 ……………………………… 129

5. 空間的応用一般均衡分析の実用可能性 ………… 130

付録 A：用語解説 ……………………………………………………… 134
付録 B：RAEM-Light（簡易版）のモデルと計算フロー ………… 138
引用・参考文献 ………………………………………………………… 142
索　　　引 ……………………………………………………………… 146

1 序　　　　章

1.1　は じ め に

　通常，公共事業の評価手法は，伝統的に**費用便益分析**に依拠しており，わが国ではすでに指針（ガイドラインまたはマニュアル）として定着している．それは**ビーバイシー**（**B/C**，正確には，**費用便益比**）という指標が一般新聞紙などでも取り上げられていることからもうかがい知ることができる．一方で，一部の専門家からはB/Cでは評価できない多くの便益がある，あるいは，B/Cでは真に必要な公共事業は整備できないとの声があることも事実である．議論を簡単にするために，道路整備事業を例にとって考えてみよう．通常，わが国の指針では道路事業の便益評価は3便益（走行時間短縮，走行経費減少，交通事故減少）の合計となっており，確かに，道路整備の効果としては十分でない印象を与える．それは，道路整備により地域の利便性が向上し，経済が活性化する，いわゆる**経済波及効果**が計上されていないという指摘にもみられる．
　それでは，ここで経済波及効果と呼んでいるものは何かをもう少し具体的に考えてみよう．観光地Bへのアクセス道路整備により，ある地域の住民が観光地Aに行っていたが，観光地Bに行くようになったことを考えてみよう．当然，観光地Bではこの住民が費やす宿泊代などの消費が増加し，地域経済が活性化するであろう．これが観光地Bに住む人にとって，目に見える道路整備の経済波及効果となる．しかし，冷静に考えてみると，観光地Aでは，観光地Bで増加した観光需要と同じ分だけ観光需要が減少しているはずであ

る。つまり，日本全体で考えればこのような経済波及効果はゼロサム（日本全体で合計すれば差し引きゼロ）になっている。それでは，実際，道路整備の効果はどのように経済に影響しているのかと問われれば，社会に有限な資源である時間資源が，道路整備による移動時間短縮で，有効に使えることである。そのため，費用便益分析では，この走行時間短縮の効果をメインとして，追加的に外部経済効果を加えたものを便益としているのである。

また，費用便益分析は社会的効率性を判断するものであり，このように効果の取り合いにより発生する地域間あるいは個人間の衡平性など，社会的衡平性（あるいは平等性）に関する判断は，基本的に考慮しないことが前提となっている。これは，**補償原理**[1]† と呼ばれ，潜在的に**パレート基準**[2]を満たしていれば十分であるという考えに依拠している。

このように考えると，現在，わが国で示された費用便益分析の指針に従えば，社会基盤整備の評価がこのB/Cによる定量的評価で十分であるかのように思える。しかし，著者は，道路ネットワーク整備のような社会基盤整備は，社会経済全体に大きな影響を及ぼすため，一概にB/Cのみで判断することは十分ではないと考えている。それは，社会基盤整備のアカウンタビリティの確保を考えれば明確である。ある道路整備を考えた場合，実務者がB/Cにより判断したとしても，実際には，よい影響を受ける地域・産業，（時には）悪い影響を受ける地域・産業が必ず存在する。つまり，地域住民がこの道路整備に合意するかどうかは，B/Cの値のみの情報では判断できず，どの地域のどの企業にどの程度の影響があるかを定量的に示す必要性があり，それらの基礎的情報のうえに専門家あるいは地域住民の意思決定があると考えているからである。そのための有力な方法が**空間的応用一般均衡分析**（**SCGE**）である。

本書では，この空間的応用一般均衡分析を社会基盤整備に適応する方法を，その基礎的理論モデル，Excelを用いた数値計算例そして**RAEM-Light**（ラームライト）と呼ばれる汎用型モデルの理論構造・応用例の説明を通じて解説する。なお，本書

---

† 両カッコの肩付き数字は，巻末にある付録Aの用語解説の番号を表す。

は『Excelで学ぶ地域・都市経済分析』（上田孝行 編著，コロナ社（2010））[21]†のSCGE部分をより詳しく解説したものとなっている。そのため，前著の理解を前提とした場合，よりわかりやすくなると思われるが，本書のみでも理解できるように工夫している。また，内容は標準的なミクロ経済学の教科書を習得したことを前提としているが，経済学の専門用語には注釈をつけることで，ミクロ経済学になじみのない読者でも読み進められるように工夫している。

1.2 応用一般均衡分析の歴史と概要

応用一般均衡分析とは，近代経済学の創始者の一人であるレオン・ワルラスが考えた**一般均衡理論**[3]を実証することを目的とした一連の分析手法の総称といえるであろう。それは，現実の経済活動を**完全競争市場**[4]という仮想的な設定のもとに，財・生産要素の量と価格を市場均衡で表現される安定（均衡）状態として定量的に表現することである。

この一般均衡理論の実証化にあたっては，〔Arrow and Debreu（1954）〕[1]の一般均衡解の存在証明にはじまり，スカーフ・アルゴリズムと呼ばれる〔Scarf（1973）〕[13]による一般均衡の数値的解法，そして〔Shoven and Whalley（1972, 1973, 1977）〕[14]～[16]による税制を対象とした実証分析手法へと発展していく。わが国では〔市岡（1991）〕[19]がわが国における最初の応用一般均衡分析の専門書として刊行され，広く実務的にも利用されてきた。さらに，〔細江，我澤，橋本（2004）〕[40]に示されるように，数値計算ソフトGAMSなどの発展をうけて，より簡便に応用一般均衡分析が利用可能となってきている。標準的な応用一般均衡モデル自体は，解の存在（一意性）が証明されているため，簡単な非線形連立方程式構造となっており，現在のコンピュータの処理能力を利用すれば比較的簡単に解をみつけることが可能となる。例えば，〔上田 編著（2010）〕[21]ではExcelでの解法を示している。つまり，伝統的な応用一般均衡モデルであれ

---

† 片カッコの肩付き数字は，巻末にある引用・参考文献番号を表す。

ば実証分析は，既存の教科書を熟読すればある程度可能になるであろう．

それでは，本書が対象としている，空間的応用一般均衡モデルはどうであろうか．応用一般均衡で空間を扱うモデルとしては，大きく2種類が存在する．まず，世界各国を貿易で結ぶ**世界貿易モデル**である．これは，〔Whalley (1985)〕[18]にはじまり，現在ではGTAPモデルなどかなり汎用性が高いツールとして定着している．また，モデルが対象としている政策は，関税・非関税障壁による保護政策分析などである．もう一つの種類が**空間的応用一般均衡モデル**と呼ばれ，世界貿易モデルより詳細な地域を対象としている（通常は，国内を細分化する地域を対象としている）．このモデルでは，それぞれの対象地域が物流で経済的に結ばれている．この一連のモデルは〔Roson (1995)〕[12]，〔Hussain and Westin (1997)〕[4]にはじまり，交通工学の分野における物資流動モデルとともに発展しつつある．ここで，これら2種類の空間スケールの違いによる理論モデルは基本的に同じ構造をしている．それは，レオン・ワルラスが考えた一般均衡理論に，空間的に立地場所が異なる世帯・企業がモデル化され，財価格あるいは**地域間交易係数**[5]に外生的な関税や輸送費がモデリングされているにすぎない．しかし，これら空間スケールの違うモデルは実証分析をする場合に，データ入手の可能性が大きく違う．世界貿易モデルは，国際間産業連関表を用いれば比較的容易に実証分析が可能であるが，空間的応用一般均衡モデルの場合は，その対象地域に地域間産業連関表が整備されていることが必要とされる．しかし，公式に発表されている地域間産業連関表は，わが国の9地域間産業連関表を除くと世界的にみても研究者レベルでの推計結果でしか公表されていない．そのため，空間的応用一般均衡モデルを汎用的に利用するには，この地域間産業連関表の有無に依存しないモデルが求められている．

そこで，本書で紹介する，RAEM-Lightでは交通需要予測の分野で発展した分布交通量予測モデル，具体的には確率効用理論に基づくロジットモデルによる実証分析手法と空間的応用一般均衡モデルの基本的枠組みを融合させ，汎用性の高い空間的応用一般均衡モデルを提案している．このような考え方に基づくモデルは，ほかにも，〔奥田 (1996)〕[23]，〔Mun (1997)〕[10]，〔文 (1998)〕[42]，

〔土屋, 多々納, 岡田 (2003)〕[37]などがあり, 同様の枠組みで実証分析を試みている. また, 〔Miyagi (2001)〕[11], 〔宮城 (2003)〕[41]は地域間交易係数を重力モデルで推定するという方法を用いてこの問題を解決しているが, 基本的にはRAEM-Lightと同様の枠組みといえる.

1.3 空間的応用一般均衡分析の概要

ここでは, 関数形を特定しない一般的な関数を用いて空間的応用一般均衡モデルの構造を確認していく. 経済空間は図1.1のように, 空間的に分割された経済単位を想定し, そこには消費活動を行う代表的世帯, 生産活動を行う企業が存在するとする. 企業で生産される財は空間を超えて世帯に消費される開放経済であるのに対して, 世帯から企業に供給される生産要素 (労働・資本) は地域ごとに市場が閉じていると想定している. また, 財の移動には輸送費用が必要であるとしている. なお, 本書ではモデルで用いる変数を統一して, 表1.1のように定義する.

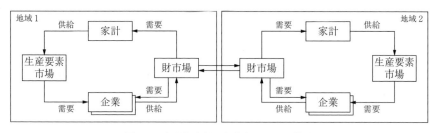

図1.1 空間的応用一般均衡モデルの構造

1.3.1 家計の行動モデル

各地域には代表的家計が存在し, 自己の効用が最大になるように, 所得制約のもとで, 財を消費するものとする. 通常, 空間的応用一般均衡モデルでは, この最適化行動を2段階に分けて考えている. 第一段階では, 財が生産された地域に関係なく, 財の種類 (パン, 米など) ごとにそれぞれの財の消費量を選

6   1. 序　　　　章

表 1.1　変数リスト

変　数	定　義
y_i^m	地域 i における財 m の生産物産出量
L_i^m	地域 i における財 m の労働投入量
K_i^m	地域 i における財 m の資本投入量
w_i	地域 i における賃金比率
r_i	地域 i における資本レント
q_i^m	地域 i における財 m の **f.o.b. 価格**[6]
U_i	地域 i における家計の効用
d_i^m	地域 i における財 m の消費水準
$\overline{K}_i$	資本保有量
$\overline{L}_i$	労働保有量
p_i^m	地域 i における財 m の **c.i.f. 価格**[7]
t_{ij}^m	地域 i から地域 j への財 m の輸送時間
ψ^m	財 m の価格に占める輸送コスト比率
z_{ij}^m	地域 i から地域 j の財 m の購入比率
X_j^m	地域 j における財 m の最終需要

択する．つぎに，第二段階では，第一段階で選択した財の消費量を満たす分だけ，その財をどの生産地から購入するかを選択する．このような家計行動が式 (1.1) で定式化できる．まず，第一段階では，労働と資本を企業に提供することによって得られる所得 ($w_i\overline{L}_i + r_i\overline{K}_i$) を制約として，各財の消費水準 d_i^m の量を選択する．ここで，各財の価格 p_i^m は各地域で生産された財価格の集計値で表現され，消費地価格 (c.i.f. 価格) を意味する．

$$\left.\begin{array}{l} \text{max.} \quad U_i(d_i^1, d_i^2, \cdots, d_i^M) \\ \text{s.t.} \quad w_i\overline{L}_i + r_i\overline{K}_i = \sum_{m \in \mathbf{M}} p_i^m d_i^m \end{array}\right\} \quad (1.1)$$

この最適化問題について**ラグランジュ法**[8]を用いて解くと，式 (1.2) のような財ごとに集計された需要関数が得られる．

$$d_i^m = d_i^m(p_i^1, p_i^2, \cdots p_i^M, w_i, r_i) \quad (1.2)$$

つぎに，第二段階では，これらの集計された財をどの地域から購入するのかを選択する．その選択は式 (1.3) のように定式化できる．つまり，各財の消費水

準1単位を生産するためにかかる費用を最小にするという行動を考える。

$$\begin{aligned}\min_{z_{i'i}^m} \quad & \sum_{i'\in I}(1+\psi^m\cdot t_{i'i}^m)q_{i'}^m z_{i'i}^m \\ \text{s.t.} \quad & 1 = d_i^m(z_{1i}^m, z_{2i}^m, \cdots, z_{Ii}^M)\end{aligned}\quad\Bigg\} \tag{1.3}$$

すると，地域iでの消費水準1単位に必要な各地域財の需要関数が得られる。これは，各地域の需要比率を表す消費財に関する地域間交易係数となる。なお，この比率は合計が1という性質を満たしている。

$$\begin{aligned} z_{i'i}^m &= z_{i'i}^m(q_1^m, q_2^m, \cdots, q_I^m, t_{i'i}^m) \\ \sum_i z_{i'i}^m &= 1 \end{aligned}\quad\Bigg\} \tag{1.4}$$

また，式 (1.4) の最適化問題を解く際に得られるラグランジュ乗数 λ_i^m から f.o.b. 価格と c.i.f. 価格の関係が式 (1.5) のように得られる。

$$p_i^m = \frac{1}{\lambda_i^m} = p_i^m(q_1^m, q_2^m, \cdots, q_I^m, t_{i'i}^m) \tag{1.5}$$

つまり，世帯の効用最大化という主体別均衡を考えることにより，各地域の財価格および輸送費用・時間が与えられれば，各地域の世帯が，どの地域のどの財をどれだけ消費するかがわかるということになる。なお，f.o.b. 価格と c.i.f. 価格の関係に関しては，RAEM-Light では加重平均値を用いているが，これは前述の第二段階の費用最小化行動の結果に**シェファードの補題**[9]を適用することで誘導が可能となる。

1.3.2 企業の行動モデル

ここでは，簡略化のために企業の中間財消費を捨象し，各地域の財 m を生産する企業は，その地域の世帯から供給された労働および資本を用いて，財を生産するものとする。また，企業の生産関数には規模に関して収穫一定を仮定する。そのため，財市場の需給均衡条件は，需要に見合うだけの生産を行うものとなる。一方で，財価格は，利潤ゼロの条件から，平均費用（あるいは限界費用）と一致することになる。このような企業行動は式 (1.6) のように定式化される。

$$\left.\begin{array}{ll}\min. & w_i L_i^m + r_i K_i^m \\ \text{s.t.} & \bar{y}_i^m = y_i^m(L_i^m, K_i^m)\end{array}\right\} \quad (1.6)$$

式 (1.6) の最適化問題および超過利潤ゼロの条件から，式 (1.7)，(1.8) の要素需要関数が得られる。

$$L_i^m = L_i^m(w_i, r_i, y_i^m) \quad (1.7)$$

$$K_i^m = K_i^m(w_i, r_i, y_i^m) \quad (1.8)$$

また，財の f.o.b. 価格は，平均費用で定義され式 (1.9) のように得られる。

$$q_i^m = q_i^m(w_i, r_i) \quad (1.9)$$

つまり，企業の主体的均衡を考えることで，労働賃金と資本レントが与えられると，生産財の f.o.b. 価格および要素需要量がわかることとなる。

1.3.3 市場均衡と計算アルゴリズム

最後に，この空間的応用一般均衡モデルの市場均衡を考えてみる。まず，財市場に関しては，**Iceberg 型の交通費用**[10]を考えているので，交通に要する費用を財で支払っていると考え，需要が供給に対して交通費用分だけ目減りしているとして式 (1.10) のように定式化する。

$$y_i^m = \sum_{i' \in \mathbf{I}} (1 + \psi^m t_{i'i}^m) z_{i'i}^m d_{i'}^m \quad (1.10)$$

ここで，左辺は地域 i，財 m の生産量であり，右辺は各地域の財 m の消費水準に，地域 i から購入する比率を乗じたものに輸送費用の目減り分を乗じたものを集計した値である。規模に関して収穫一定を仮定している場合，需要に見合うだけの生産を行うこととなるので，左辺には財価格に関する変数は含まれない。つぎに要素価格の均衡は式 (1.11)，(1.12) のようになる。

$$\bar{L}_i = \sum_{m \in \mathbf{M}} L_i^m(w_i, r_i, y_i^m) \quad (1.11)$$

$$\bar{K}_i = \sum_{m \in \mathbf{M}} K_i^m(w_i, r_i, y_i^m) \quad (1.12)$$

式 (1.10) 〜 (1.12) の 3 種類の均衡条件式により，このモデルの市場均衡が定義されることとなる。このような空間的応用一般均衡モデルの場合，数多く

の変数と数多くの式により構成され，モデルが非常に複雑なように感じられる。しかし，このモデルにおける真の未知数は要素価格（w_i, r_i）のみである。それを確認するうえで，変数を外生変数と内生変数に分類する。外生変数とはモデルにおいて外生，つまり，定数として外部から与えられるものである。本モデルでは $\overline{L_i}$, $\overline{K_i}$ および t_{ij}^m であり，3種類，$2i+i\times j\times m$ 個存在する。一方，内生変数とはモデル内で変化する変数である。本モデルでは y_i^m, w_i, r_i, q_i^m, U_i, d_i^m, p_i^m, z_{ij}^m, X_j^m であり，9種類，$3i+5(i\times m)+i\times j\times m$ 個存在する。通常の方程式体系は，未知数と方程式の数が一致することを解の必要条件とするが，一般均衡モデルの場合，内生変数を整理することが可能であり，本モデルの場合は，要素価格（w_i, r_i），すなわち，2種類，$2i$ 個の変数に集約することが可能である。つまり，最適な要素価格（w_i, r_i）が決まれば，その他の内生変数は自動的に決定されることとなる。それを確認すると同時に計算アルゴリズムを理解するために，モデルの重要な式を再掲しながら説明する。ここでの計算アルゴリズムは，この後の RAEM-Light でも基本的に同じ流れで計算可能である。

まず，要素価格（w_i, r_i）の初期値を与える。つまり，$2\times i$ の未知数に適当な数字（通常は1）を与える。そのうえで，財の f.o.b. 価格が前述の式 (1.9) から決定する。

$$q_i^m = q_i^m(w_i, r_i) \qquad 再掲 (1.9)$$

この f.o.b. 価格が決まると，輸送費用を与えることで，各地域の財をどのような比率で購入するかが前述の式 (1.4) から決定する。

$$z_{i'i}^m = z_{i'i}^m(q_1^m, q_2^m, \cdots, q_I^m, t_{i'i}^m) \qquad 再掲 (1.4)$$

また，同時に，財の c.i.f. 価格が前述の式 (1.5) から決定する。

$$p_i^m = \frac{1}{\lambda_i^m} = p_i^m(q_1^m, q_2^m, \cdots, q_I^m, t_{i'i}^m) \qquad 再掲 (1.5)$$

これにより，世帯の需要関数から，各財の消費水準が前述の式 (1.2) により決定する。

$$d_i^m = d_i^m(p_i^1, p_i^2, \cdots p_i^M, w_i, r_i) \qquad 再掲 (1.2)$$

ここで，財の市場均衡式の右辺はすべて求められているので，この需要に見合うだけの供給，すなわち各地域の各企業の生産量が求められる。

$$y_i^m = \sum_{i' \in I} (1 + \psi^m t_{i'i}^m) z_{i'i}^m d_{i'}^m \qquad \text{再掲 (1.10)}$$

生産量が求められると，それに必要な要素需要量が前述の式 (1.7)，(1.8) の要素需要関数で決定する。

$$L_i^m = L_i^m(w_i, r_i, y_i^m) \qquad \text{再掲 (1.7)}$$

$$K_i^m = K_i^m(w_i, r_i, y_i^m) \qquad \text{再掲 (1.8)}$$

そして，最終的に式 (1.11)，(1.12) の要素需要の市場均衡式を満たしていれば，これでモデルの解が得られたことになる。つまり，左辺の生産要素の初期保有量と右辺の要素需要が完全に一致していればよいわけである。しかし，通常は要素価格 (w_i, r_i) の初期値ではこれが一致しないため，価格を改定して再計算することとなる。このとき，**需要と供給の法則**[11]に従って，超過需要が発生していれば，価格を上げ，超過供給が発生していれば価格を下げるというように価格を改定し，何度も再計算を行うことで，すべての超過需要がゼロとなる要素価格の値が一般均衡解となる。正確には，ワルラス法則が成り立つため，この要素価格のうち一つの価格をニュメレール財として，その価格以外の価格を超過需要がゼロとなるように調整する。そうすれば，ニュメレール財の市場も超過需要は自動的にゼロとなる。

$$\bar{L}_i = \sum_{m \in M} L_i^m(w_i, r_i, y_i^m) \qquad \text{再掲 (1.11)}$$

$$\bar{K}_i = \sum_{m \in M} K_i^m(w_i, r_i, y_i^m) \qquad \text{再掲 (1.12)}$$

これが，空間的応用一般均衡モデルの基本的なモデルと計算アルゴリズムである。空間的応用一般均衡モデルは，一見，数多くの変数と方程式で構成され，その均衡解を求めることが難しいように思われるが，一般均衡体系の性質を利用することで，要素価格の均衡のみを計算すればよいということが理解できる。さらに，社会資本整備の評価を行う場合は，例えば道路投資の場合，地域間の輸送時間をプロジェクト整備前後で変更して，この一般均衡解を2回求

め，それぞれのケースの内生変数の差をもって，プロジェクトの影響とすることが一般的である．実際には，このモデルの関数を特定化し，さらに多少のモデル構造の調整を行う必要があるが，基本的にはこの流れに従って，一般均衡解を求めていくことが可能である．本書では，2章以降にRAEM-Lightを用いて説明を行うが，RAEM-Lightのモデル構造ならびに計算アルゴリズムもこのモデルと同様である．しかし，RAEM-Lightは他地域からの財の購入比率を，その再現性・現実性を高めるために，ロジットモデルを用いていることにその特徴がある．

1.4 経済均衡分析の利用可能性

このような空間的応用一般均衡モデルを社会資本整備の効果計測に用いることは，社会資本整備により，どのような地域のどのような主体にどの程度の効果があるのかを内生変数の変化として定量的に把握することが可能となる．もちろん，理論モデルの仮定に依存する分析結果の限界も存在するが，社会資本整備による効果を集計的な便益のみで判断するのではなく，地域間での経済効果の波及や，それに伴う社会的衡平性・平等性の基礎的な評価への応用が可能となる．当然，衡平性を評価することは個々人の価値基準に依存するため容易ではないが，**経済均衡モデル**により効果の分布を定量的に把握することは，どのような方法であれ地域間衡平性を議論する際にも，最も基礎的かつ重要な情報を提供することとなる．

本書では，2.4節および3章，4章において，その実務的な利用例を紹介する．ここでは，高速道路整備の効果をはじめ高速道路料金政策，港湾整備などを対象にその実証分析方法と計測結果および政策的なインプリケーションを紹介している．ここで，重要なことは，一般均衡という比較的一般性を有したモデルを援用していることで，社会基盤施設の各部門を横断した政策・事業の評価への応用が比較的簡単に可能であることである．そのことは，各部門を超えた各種社会資本整備の相対評価あるいは相乗効果の計測が可能であることを意

味している。これが応用一般均衡モデルの，もう一つの特徴であり，同一のフレームで数多くの政策アプリケーションが可能となる。

　さらに，空間的応用一般均衡モデルは，経済理論に立脚しているため，社会資本整備以外の政策（例えば，税制，年金政策，社会福祉政策など）も同一フレーム，つまり，評価のプラットホームとして分析が可能となり，真の意味で社会資本整備のアカウンタビリティを果たすための貢献が期待できる。

2 汎用型空間的応用一般均衡モデル（RAEM-Light）

2.1 はじめに

　汎用型空間的応用一般均衡モデル（**RAEM-Light**）は，空間的応用一般均衡モデルの実証分析に際しての問題点を交通工学的なアプローチで改善したものであり，その特徴は市町村など詳細な地域に分割された空間経済に適用が可能な点である。

　オリジナルのRAEMモデルは，グローニンゲン大学とフリー大学との共同で開発され，TNOオランダ応用科学研究機構と共同でオランダ高速鉄道整備の経済効果計測に用いられた。RAEMという名称はRegional Applied general Equilibrium Model for the Netherlandsの略語である。このRAEMモデル[6]は新経済地理学の理論に従い，独占的競争による集積の経済性を表現することに成功している。これは，ある地域に産業が集積することで，その地域の生産性が高まり，より一層の集中が促進されるというメカニズムが表現されている。つまり，都市の規模がモデル内で内生的に決定されるモデルである。交通整備を例にとると，交通整備より便利になる地域には，交通整備そのものの生産性向上により産業が集積し，その産業集積自体が，さらなる地域の生産性を向上することになる。このような新経済地理学に基づく空間的応用一般均衡モデルは，CGEuropeなどが有名である。

　一方で，これら新経済地理学に基づく空間的応用一般均衡モデルにも実務上はいくつかの問題点が指摘されている。まず，①費用便益分析などの交通整

備評価を前提とした場合，このような新経済地理学に基づくモデルのアウトプットがいつの時点の経済的効果なのかを明確にすることができない点である。つまり，費用便益分析の場合，将来の便益あるいは費用を現在価値に換算し，その妥当性を判断するが，効果がいつの時点であるかが明確でないために，明確な現時点での便益総額の計算が行えない点にある。つぎに，② 新経済地理学に基づく空間的応用一般均衡モデルには実務上決定することが難しい未知パラメータが存在する点である。特に，集積の経済性を表現するバラエティ選考の代替弾力性などはその例であり，その値を地域ごとあるいは産業ごとにどのように設定するのかに関して，明確な指針や統計的方法が確立されているわけではない。前述のような問題点を勘案すると，現時点で，RAEM モデルのような新経済地理学に基づく空間的応用一般均衡モデルを交通整備に応用することの役割は，大規模な高速交通網の長期的な立地の変化を予測することに適しており，国土計画など長期社会資本整備の指針作成に役立つものであると位置づけられるが，個別の社会基盤整備の経済効果を定量的に分析するためには，いまだ解決しなければならない課題が多い。

　前述のような認識のもと，より汎用性が高く，個別の交通整備事業の短期的影響を分析するという目的のもと開発されたモデルが RAEM-Light である。この汎用型空間的応用一般均衡モデル（RAEM-Light）は，TNO オランダ応用科学研究機構が開発した RAEM モデル Ver.2.0[17]をベースに，前述の問題意識のもと，著者とデルフト工科大学 Lori Tavasszy 教授，RPB 研究所 Mark Thissen 博士が共同開発したモデルであり[8]，名前を RAEM-Light とした。また，故上田孝行先生（元 東京大学教授）により汎用型空間的応用一般均衡モデルと命名していただいたものである。TNO オランダ応用科学研究機構では，この RAEM-Light をオランダの高速道路整備の経済効果分析，ライン川氾濫を想定した被害予測分析などに適用した実績がある。また，韓国，ハンガリーなどの適用事例もある。一方で，わが国では，この RAEM-Light を全国各地での高速道路整備に適用した実績があり，RAEM-Light Committee を立ち上げ，モデルの適用範囲の拡大，モデルのさらなる開発を行っている。

本章では，前章の空間的応用一般均衡モデルを踏まえ，あらためて RAEM-Light の構造を解説し，Excel による計算方法の解説，さらに実務レベルでの RAEM-Light の計算方法を解説する．

2.2 RAEM-Light の概要

RAEM-Light にもいくつかのバリエーションがあり，最初にオランダの交通政策に応用したモデルは，〔小池，川本（2006）〕[25]である．このモデルは準動学的モデルであり，かつ，規模に関して収穫逓増の技術を導入している．具体的には，各期（5 年を想定）で均衡状態に達した後に，その情報から立地効用水準に応じて人口移動が計算され，人口の集積に応じて企業の生産性が内生的に決定され，つぎの期の均衡状態を計算するというフレームに基づき計算されている．このようなモデルは，前述したように，社会資本整備の長期的影響を分析するためには有用であるが，個別事業を費用便益分析の拡張として評価する場合には，長期的な不確実性要因が多数含まれている．また，中間投入財を考慮していないなど，実務的意味での経済分析に適しないなどの問題点がある．

そこで，より短期的経済分析に着目したモデルとして開発されたのが〔小池，佐藤，川本（2009）〕[26]で構築した中間投入財を考慮した **RAEM-Light Ver.2.0** である．本章では，この RAEM-Light Ver.2.0 に基づき，モデルの概要を説明する．前述のモデルとの相違点は，① 一時点の均衡状態を表現する静学モデルである．② 中間投入財を考慮したモデルである．③ 社会資本整備による人口分布への影響は考慮しないなどである．なお，本書では特に断りがない限り，この RAEM-Light Ver.2.0 を RAEM-Light と呼ぶこととする．

2.2.1 モデルに用いる変数のリスト

まず，表 2.1 に RAEM-Light で用いる変数リストを示す．基本的には前章の表 1.1 の変数リストと同様の変数を定義しているが，モデルの関数形により若干の変更点があることに注意が必要である．

表2.1 RAEM-Light に用いる変数リスト

変数	定義
y_i^m	地域 i における財 m の生産物産出量
x_i^{Mm}	地域 i における財 M から財 m への中間投入額
a_i^{Mm}	地域 i における財 M から財 m への中間投入比率
a_i^{0m}	地域 i における財 m の付加価値比率
L_i^m	地域 i における財 m の労働投入量
K_i^m	地域 i における財 m の資本投入量
α_i^m	地域 i における財 m の分配パラメータ
A_i^m	地域 i における財 m の効率パラメータ
w_i	地域 i における賃金比率
r	資本レント
q_i^m	地域 i における財 m の f.o.b. 価格
v_i^m	地域 i における財 m の生産1単位当りの付加価値額
U_i	地域 i における家計の効用
d_i^m	地域 i における財 m の消費水準
β^m	財 m の消費分配パラメータ
$\overline{K}$	資本保有量
$\overline{l}_i$	地域 i における一人当りの労働投入量 ($\overline{l}_i N_i = \overline{L}_i$)
$T = \sum_i N_i$	総人口
p_i^m	地域 i における財 m の c.i.f. 価格
t_{ij}^m	地域 i から地域 j への財 m の輸送時間
ψ^m	財 m の価格に占める輸送コスト比率
s_{ij}^m	地域 i から地域 j への財 m の購入先選択確率
λ^m	財 m のロジットモデルに関するパラメータ
z_{ij}^m	地域 i から地域 j の財 m の購入量
X_j^m	地域 j における財 m の最終需要

2.2.2 モデルの前提条件

RAEM-Light では，社会経済に対して図2.1のような経済主体を想定し，以下の仮定を設ける．

① 多地域多産業で構成された経済を想定する．

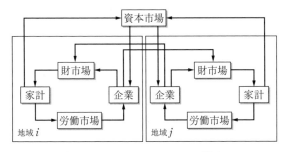

図 2.1 RAEM-Light のモデル構造

② 財生産企業は，家計から提供される生産要素（資本・労働），各地域で生産された生産物（中間財）を投入して，新たな生産財を産出する。
③ 家計は企業に生産要素（資本・労働）を提供して所得を受け取る。そして，その所得をもとに各地域で生産された財の消費を行う。
④ 各世帯は労働を初期保有量として持ち，資本は全世帯で均等に保有していると仮定する。
⑤ 交通費用は Iceberg 型とする。
⑥ 生産要素市場は，労働市場は地域で閉じているものの，資本市場は全地域に開放されているものとする。

なお，モデル式内のサフィックスは，以下のとおりとする。

地域を表すサフィックス：$\mathbf{I} \in \{1, 2, \cdots, i, \cdots, I\}$

財を表すサフィックス　：$\mathbf{M} \in \{1, 2, \cdots, m, \cdots, M\}$

2.2.3 家計の行動モデル

各地域には家計が存在し，自己の効用が最大になるよう財を消費するとする。このような家計行動が以下のような所得制約下での効用最大化問題として定式化できる。ここで，財の消費水準は生産地に関係なく，特定の種類の財を合計 d_i^m 単位消費するものとしている。つまり，前章のモデルの第一段階のみを効用最大化行動で表現している。

$$\left.\begin{array}{l}\max. \quad U_i(d_i^1, d_i^2, \cdots, d_i^M) = \sum_{m \in M} \beta^m \ln d_i^m \\ \text{s.t.} \quad \overline{l}_i w_i + r\dfrac{\overline{K}}{T} = \sum_{m \in M} p_i^m d_i^m \end{array}\right\} \quad (2.1)$$

ただし，U_i：地域 i の効用関数，d_i^m：地域 i 財 m の消費水準，p_i^m：地域 i 財 m の消費者価格，β^m：財 m の消費の分配パラメータ $\left(\sum_{m \in M} \beta^m = 1\right)$，$\overline{K}$：資本の初期保有量，$T = \sum_i N_i$：対象地域全体の総人口，$\overline{l}_i$：一人当りの労働保有量 $(\overline{l}_i = \overline{L}/N_i)$ である。

式 (2.1) をラグランジュ法を用いて解くと，つぎの消費財の最終需要関数 d_i^m が得られる。

$$d_i^m = \beta_i^m \dfrac{1}{p_i^m}\left(\overline{l}_i w_i + r\dfrac{\overline{K}}{T}\right) \quad (2.2)$$

2.2.4 企業の行動モデル

つぎに，各地域には生産財ごとに一つの企業が存在することを想定し，地域 i において財 m を生産する企業の生産関数をレオンチェフ型で仮定すると，その行動は以下のようになる。まず，生産関数は

$$y_i^m = \min.\left\{\dfrac{v_i^m}{a_i^{0m}}, \dfrac{x_i^{lm}}{a_i^{lm}}, \cdots, \dfrac{x_i^{nm}}{a_i^{nm}}, \cdots, \dfrac{x_i^{Nm}}{a_i^{Nm}}\right\} \quad (2.3)$$

ただし，y_i^m：地域 i 財 m の生産量，v_i^m：地域 i 財 m の付加価値，x_i^{nm}：地域 i の産業 m への財 n の中間投入，a_i^{nm}：地域 i の産業 m の財 n に対する投入係数，a_i^{0m}：地域 i 財 m の付加価値比率である。

さらに，付加価値関数をコブダグラス型で仮定すると式 (2.4) のようになる。

$$v_i^m = A_i^m (L_i^m)^{\alpha_i^m}(K_i^m)^{1-\alpha_i^m} \quad (2.4)$$

ただし，L_i^m：地域 i 財 m 企業への労働投入量，K_i^m：地域 i 財 m 企業への資本投入量，α_i^m：分配パラメータ，A_i^m：企業の生産効率を表現するパラメータである。

この付加価値生産に関する企業の最適化問題は式 (2.5) のように，付加価値

生産量を制約とした費用最小化行動となる。

$$\left.\begin{array}{l} \min. \quad w_i L_i^m + r K_i^m \\ \text{s.t.} \quad v_i^m = A_i^m (L_i^m)^{\alpha_i^m} (K_i^m)^{1-\alpha_i^m} \end{array}\right\} \qquad (2.5)$$

ただし，w_i：地域 i の賃金率，r：資本レントである。

ここで，式(2.5)を，ラグランジュ法を用いて解くと，生産要素需要関数 L_i^m，K_i^m が求められる。さらに，付加価値1単位を生産するために必要な費用 cv_i^m が超過利潤ゼロの条件から平均費用として得られる。

$$L_i^m = \frac{\alpha_i^m}{w_i} a_{0i}^m q_i^m Y_i^m \qquad (2.6)$$

$$K_i^m = \frac{1-\alpha_i^m}{r} a_{0i}^m q_i^m Y_i^m \qquad (2.7)$$

$$cv_i^m = \frac{w_i^{\alpha_i^m} r^{1-\alpha_i^m}}{A_i^m (\alpha_i^m)^{\alpha_i^m}(1-\alpha_i^m)^{1-\alpha_i^m}} \qquad (2.8)$$

ただし，cv_i^m：地域 i 財 m の付加価値1単位生産当りの費用（付加価値に対する平均費用）である。

2.2.5 交易のモデル化

RAEM-Light では空間的応用一般均衡で定義される**交易係数**を，集計的ロジットモデルを用いて表現することとしている。交易係数とは，ある地域の需要がどの地域から供給されるか比率を用いて表現している係数であるが，それを確率変数としてとらえることで，交通需要予測分野における分布交通量予測の考え方で代用が可能としている。すなわち，各地域の需要者は消費者価格（c.i.f.価格）が最小となるような生産地の組合せを購入先として選ぶものとし，その選択に起因する誤差項がガンベル分布に従うと仮定すると，その選択確率は，式(2.9)の**ロジットモデル**で表現できる〔Erlander and Stewart（1990）〕[3]。ここで，消費者価格と生産者価格の間には，交通費用がかかるとしている。また，この交易係数の実測値を貨物の交通需要実態調査から得ることにより，従来の SCGE モデルの枠組みに対して，より小地域のゾーニングに対応可能となるよう定式化したものである。

通常のCGEモデルでは，この交易のモデル化に際して，CES (constant elasticity of substitution) 型関数を導入することが一般的である．しかしながら，交通整備の効果計測を考えた場合，財価格にどの程度の輸送費用が影響しているのかを同定することが統計的に非常に困難である．そのため，モデルの結果が，これらの設定に大きく依存し，政策意思決定における定量分析の精度という意味では，非常に問題があることが知られている．一方，ロジットモデルを用い，そのパラメータを実際の物資流動調査などから推定する場合は，このような問題が生じない．この点も，ロジットモデルをSCGEモデルに適用する利点といえる．

$$s_{ij}^m = \frac{Y_i^m \exp[-\lambda^m q_i^m (1+\psi^m t_{ij})]}{\sum_{k \in I} Y_k^m \exp[-\lambda^m q_k^m (1+\psi^m t_{kj})]} \tag{2.9}$$

ただし，t_{ij}：交通輸送時間，λ^m：ロジットモデルに関するパラメータ，ψ^m：財 m の価格に占める輸送コスト比率である．

また，消費者価格は生産者価格と交通費用を交易割合で加重平均した，式 (2.10) を満たしているとする．

$$p_j^m = \sum_{i \in I} s_{ij}^m q_i^m (1+\psi^m t_{ij}) \tag{2.10}$$

ただし，q_i^m：地域 i 財 m の生産者価格である．

2.2.6 市場均衡条件

ここで，RAEM-Light での市場均衡条件を確認していく．基本的には前章の空間的応用一般均衡モデルと同様に，M 個の労働市場，$M \times J$ 個の生産財市場，そして 1 個の資本市場が均衡することで，市場均衡が構成される．ここで，資本の価格をニュメレール財と考え 1 とすること，そして，財の供給は需要に見合うだけ生産すること，さらに生産財価格が平均費用に従うことを仮定すると，ここでの市場条件式は以下のようにまとめられる．ただし，生産財の需給バランスは中間投入量を含めたかたちで，レオンチェフの逆行列を最終需要にかけ合わせるかたちで表現できる．また，この市場均衡条件ならば地域数 M

個の労働賃金を均衡させることで，このモデル全体の解を導くことができる。

さらに，資本市場の超過需要を確認することで，モデル自体のワルラス法則が成り立っているかも確認することが可能である。しかし，このRAEM-Lightは厳密な意味でワルラス法則を満たしていない。それは交易モデルにロジット型を導入したことにより，モデル全体が価格に対してゼロ次同次性を満たさないためである。そのため，このモデルで労働市場のみを均衡させたとしても，厳密には資本市場に超過需要あるいは供給が存在することになる。現在まで，実務的にこの資本市場の不均衡の値が便益や経済効果にどの程度の影響があるかを確認しており，その結果，その影響は非常に小さく，誤差の範囲であることが確認されている。一方で，解の厳密性にこだわるのならば資本市場も同時に均衡させるようにアルゴリズムを書き換えたほうがよい。ただし，本書はゼロ次同次性を満たさないことによるアウトプットの誤差は微小であると考え，以下の議論ではすべて資本をニュメレール財と考えている。

〈労働市場〉

$$\sum_{m \in \mathbf{M}} L_i^m = \overline{L}_i \tag{2.11}$$

〈財市場（需要）〉

$$\begin{bmatrix} 1-a_i^{11} & \cdots & 0-a_i^{1N} \\ \vdots & \ddots & \vdots \\ 0-a_i^{m1} & \cdots & 1-a_i^{MN} \end{bmatrix}^{-1} \begin{bmatrix} N_i d_i^1 \\ \vdots \\ N_i d_i^m \\ \vdots \\ N_i d_i^M \end{bmatrix} = \begin{bmatrix} X_i^1 \\ \vdots \\ X_i^m \\ \vdots \\ X_i^M \end{bmatrix} \tag{2.12}$$

$$z_{ij}^m = X_j^m s_{ij}^m \tag{2.13}$$

〈財市場（供給）〉

$$Y_i^m = \sum_{j \in \mathbf{J}} (1 + \psi^m t_{ij}^m) z_{ij}^m \tag{2.14}$$

〈生産者価格体系〉

$$q_j^n = a_{0i}^n cv_j^n + \sum_{m \in \mathbf{M}} a_j^{mn} \sum_{i \in \mathbf{I}} s_{ij}^n q_i^n (1 + \psi^n t_{ij}) \tag{2.15}$$

ただし，z_{ij}^m：財 m の地域 i から地域 j への交易量，X_j^m：地域 j 財 m の消費量，a_j^{mn}：地域 j の産業 m から産業 n への投入係数である。

2.2.7 パラメータの設定

つぎに，RAEM-Light を実証するためのパラメータの設定方法を紹介する。通常，応用一般均衡モデルのパラメータは**キャリブレーション手法**と呼ばれる方法により決定される。このキャリブレーション手法とは，初期状態での価格をすべて1と仮定し，経済データから得られる値はすべて量の値と解釈すること，そしてそれらが初期状態での解となるように，パラメータを逆算して求める方法である。一方で，価格に対する需要の反応などの係数（代替弾力性）に関しては，モデル外で過去の統計的分析で得られた値を用いる方法である。基本的に，RAEM-Light においても多くのパラメータはこのキャリブレーション手法に従いパラメータを設定している。

まず，企業の生産関数における中間投入比率 a_i^{Mm}，付加価値比率 a_i^{0m}，分配パラメータ α_i^m，効率パラメータ A_i^m の推計に加えて家計の効用関数における消費の分配パラメータ β^m を設定する。なお，以下におけるアッパーバー（‾）は，各統計資料から得られる統計データを意味し，**基準均衡データ**と呼ぶ。

まず，生産関数のパラメータの設定は以下のとおりである。中間投入比率 a_i^{Mm} は，式 (2.16) より求める。なお，$\bar{x}_i^{Mm}$ は，都道府県レベルでの地域 i における財 m の中間投入額であり，同様に，$\bar{y}_i^m$ は，都道府県レベルでの地域 i における財 m の生産額を示す。本来，この値も小地域ごとに得られれば，小地域ごとの中間投入比率を設定することが可能である。しかし，この値は産業連関表をベースに計算されるため，現在公表されている最小の産業連関表である県単位の産業連関表に収録されている金額ベースの統計量を用いる。これは，ある小地域の技術水準が，県のものと同一であることを暗に仮定していることとなる。

$$a_i^{Mm} = \frac{\bar{x}_i^{Mm}}{\bar{y}_i^{0m}} \tag{2.16}$$

同様に，付加価値比率 a_i^{0m} は，式 (2.17) より求める．なお，$\overline{v}_i^m$ は，都道府県レベルでの地域 i における財 m の付加価値額であり，$\overline{y}_i^m$ は，都道府県レベルでの地域 i における財 m の生産額を示す．これらも都道府県別産業連関表に収録されている金額ベースの統計量である．

$$a_i^{0m} = \frac{\overline{v}_i^m}{\overline{y}_i^m} \tag{2.17}$$

つぎに，分配パラメータ α_i^m は，式 (2.18) より求める．なお，$\overline{L}_i^m$ は，地域 i における財 m の労働投入量であり，$\overline{K}_i^m$ は，地域 i における財 m の資本投入量である．まず，$\overline{L}_i^m + \overline{K}_i^m$ は小地域での付加価値計を表現している．これは，県民経済計算などを用いれば小地域のデータをそのまま入手可能であるが，入手困難な場合には，県単位の産業連関表を労働者数，あるいは事業所数などにより案分する方法が考えられる．また，小地域での労働投入量と資本投入量は，同様に県民経済計算から得るが，得られない場合は，都道府県産業連関表の値を案分して求めることができる．

$$\alpha_i^m = \frac{\overline{L}_i^m}{\overline{L}_i^m + \overline{K}_i^m} \tag{2.18}$$

効率パラメータ A_i^m は，式 (2.19) より求める．なお，$\overline{v}_i^m$ は，地域 i における財 m の付加価値額であり，前述の $\overline{L}_i^m + \overline{K}_i^m$ と同値である．

$$A_i^m = \frac{\overline{v}_i^m}{(\overline{L}_i^m)^{\alpha_i^m}(\overline{K}_i^m)^{1-\alpha_i^m}} \tag{2.19}$$

消費の分配パラメータ β^m は，式 (2.20) より求める．なお，$\overline{X}^m$ は，財 m の最終需要量であり，ここでも，県単位の産業連関表に収録されている金額ベースの統計量を用いる．すなわち，本パラメータも，小地域での詳細データが得られないため，県内で一律であるものとして仮定している．産業連関表上の最終需要項目に関しては，投資，政府支出，純輸出など多くの項目を有しているが，パラメータが正となるように，すべての集計値を用いることが妥当である．

$$\beta^m = \frac{\overline{X}^m}{\sum_{m'} \overline{X}^{m'}} \tag{2.20}$$

以上が，RAEM-Light におけるキャリブレーションにより決定されるパラ

メータである。前述の説明のとおり，基本的には小地域に対応した統計データは各都道府県が発行している県民経済計算年報などから付加価値額などのデータを入手し，さらに都道府県産業連関表から投入係数を算出すれば，おおよその計算が可能である。また，小地域の付加価値額が入手困難な場合は，産業連関表を労働者数などで案分する方法をとることが可能である。この意味から，日本の市町村などの小地域に適応することは比較的簡単に行える。一方で，あくまで案分しているということは案分手法に起因する誤差が含まれ，それが結果に影響することにも注意が必要である。同様に，投入係数や消費の分配パラメータも都道府県内で同じと仮定している点も注意が必要である。特に，都道府県庁所在地，大規模な輸出産業集積地などは，別の統計資料などを用いて，より詳細に設定することが望ましい。そうでなければ，地域の特徴を反映した結果の算出は難しいことにも注意が必要である。

つぎに，交易モデルのパラメータ推定方法は以下のように行う。ここで，小地域間での交易，つまり金銭換算値での移出入量は通常は入手不可能である。そこで，物流センサスのデータを用いて，その OD 表から物資流動の到着地を出発地ごとに整理し，その目的地選択確率を求め，その値を再現するようにパラメータを推定する方法を用いている。なお，物流センサスデータは重量ベースのデータであるが，運んでいる品目別にデータが整備されており，ここでは品目ごとの価格が同じであることを想定している。

つまり，式 (2.21) に示されるように，物流センサスから計算される目的地選択確率 $\overline{s_{ij}^m}$ を実測値として，任意のパラメータ λ^m，ψ^m を与え，その再現誤差の二乗和 $\Delta\varepsilon$ が最小となるようにパラメータを調整するようにする。なお，このときの生産地価格はすべて 1 に設定しておく。

$$\Delta\varepsilon = \left[\overline{s_{ij}^m} - \frac{Y_i^m \exp[-\lambda^m q_i^m (1+\psi^m t_{ij})]}{\sum_{k \in I} Y_k^m \exp[-\lambda^m q_k^m (1+\psi^m t_{kj})]} \right]^2 \qquad (2.21)$$

通常の RAEM-Light では，このパラメータ推定方法は**グリッドサーチ法**[12]と呼ばれる方法を用い，二つの未知パラメータをある範囲のなかで離散的に与え，すべての組合せを試し，最も誤差の小さいパラメータの組合せを選ぶとい

う方法を用いている．なお，式 (2.21) のモデルではパラメータは財の種類により違うと想定しているが，物資流動や生産地特有の生産物があるような場合，出発地あるいは到着地ごとにパラメータを設定することでより精度が上がると考えられる．

以上が RAEM-Light に含まれるパラメータの設定方法である．交易モデル以外のパラメータはキャリブレーション手法により一意に決定するが，交易モデルに関しては，多少の誤差を含む，いわゆる推定作業になっている．

2.2.8 計算の手順

つぎに，RAEM-Light の計算手順である．**図 2.2** に示すように，基本的には前章で示した空間的応用一般均衡モデルの計算アルゴリズムと同様の流れとなっている．つまり，生産要素の価格を初期値（通常は 1）として与え，そのもとで消費地価格を計算し，最終需要から生産量が決定され，要素需要と労働の初期保有量の差から超過需要を計算するという流れである．ここで，中間投入を考えている場合，消費地価格が交通整備などにより変更されると，投入係数をそれに応じて変更させる必要がある．その部分が前述のアルゴリズムに追加されている．これは，モデルが Iceberg 型であるがゆえ，交通費用の減少分だけ，価格 1 でキャリブレーションした投入係数に対して，量ベースで考えるとちょうど交通費用の変化分だけ，量ベースで必要となる投入量が変化するためである．本来は，交通費用を正確に取り除くほうがよいが，この方法でも，正確な再現との誤差は微小であると想定している．さらに，財の**生産地価格** (f.o.b. 価格) を計算する場合，それぞれの財の価格が別の財価格の式となっており，財の数だけの未知数と方程式を含む方程式体系となる．そこで，この方程式を毎回解く作業が必要となってくる．また，生産要素価格改定のルールは，需要と供給の法則どおりに，超過需要があれば価格が上昇し，超過供給ならば価格が下落するというアルゴリズムを与えれば十分である．通常，RAEM-Light ではニュートン法を用いて均衡計算を行っている．

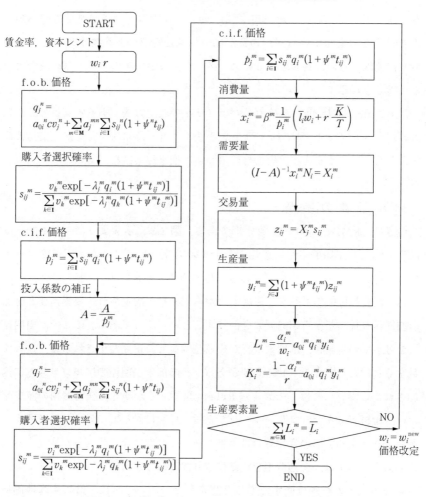

図 2.2　中間投入を考慮した RAEM-Light の計算フロー

2.2.9　厚生分析の方法

ここでは，RAEM-Light での便益計測の方法を紹介する．経済学的には，交通整備の効果は，市場経済を通じて，最終的に世帯の効用水準の変化として表現可能である．当然，効用水準が上昇していれば，交通整備の効果があり，正の便益が発生している．ここで，効用水準の変化をいかにして金銭換算するか

が問題となる。通常，応用一般均衡分析では，**等価変分**[13]（equivalent variation，以降 EV）を用いて便益を計測することが一般的である。この EV の定義式を解くと式 (2.22) が得られる。すなわち，整備なしの状態の所得に効用水準をべき乗したものの変化率として表現が可能である。ここで，この便益は地域ごとに違うことに注意が必要である。すなわち，RAEM-Light で計算可能な便益とは，地域ごとに違った便益であり，通常，費用便益分析で用いられる便益は，これらをすべての地域で合計したものとなる。

$$EV^i = (w_i^0 L_i^0 + rK_i^0)\left(\frac{e^{U_i^1} - e^{U_i^0}}{e^{U_i^0}}\right) \tag{2.22}$$

ただし，0，1：道路整備のあり・なしを表すサフィックスである。

何度も繰り返すように，空間的応用一般均衡分析による厚生分析の方法は，この便益が地域別に算出でき，通常の費用便益分析で用いる社会的効率性の判断のみならず，地域間での便益の分布状況から地域間衡平性の議論も可能となる。さらに，交通整備あり・なしでの生産量の違いや賃金率への影響など，さまざまな指標を用いて，交通整備の妥当性を総合的に検討することが可能となる。つぎに，実証的に RAEM-Light が計算可能であることを確認するため，Microsoft Excel（以下，Excel）を用いた RAEM-Light で，計算過程の確認を行っていく。

2.3 Excel による RAEM-Light の計算方法

2.3.1 Excel のファイルについて

RAEM-Light は，その基本モデルが本書などで解説されているが，このモデル自体がプログラムパッケージなどで販売されているわけではない。通常は，利用者がモデル構造，パラメータ設定法，アルゴリズムを理解したうえで，各種プログラム言語を用いてプログラムの開発を行っている。しかし，初学者が計算過程を理解するのは非常に難しいため，ここでは表計算ソフト Excel を用いた RAEM-Light を解説することで，その方法を理解してもらうことが目的で

ある。この RAEM-Light の Excel シートは，RAEM-Light Committee のメンバーが開発し，その利用を一般に公開しているものである。このシートは，RAEM-Light Committee の Web (http://www.raem-light.jp/index.html) に掲載されており，簡単にダウンロードすることができる。また，このシートを使えば，後述の手順に沿ってデータを入力することで，RAEM-Light を用いた計算が可能である。このシートは，データを入力する部分と Excel のマクロ機能を利用した均衡アルゴリズムの部分で構成され，それぞれのセルには計算フローに応じた数式が入力されている。さらに，計算アルゴリズムは需要と供給の法則を満たすように仮定するメカニズムを，ニュートン法を用いてプログラムされている。詳しいモデル化の方法は，Excel のシートのマクロ編集を見てもらえば確認することが可能である。

　ここで，このシートが対象としている RAEM-Light は，前述のモデルをより簡単にしたものであり，その前提条件を改めて確認すると，以下のようになる。

2.3.2　RAEM-Light（簡易版）の想定する経済構造と前提条件

① 2地域2産業で構成された経済を想定（図 2.3 参照）。
② 財生産企業は，家計から提供される生産要素（資本・労働）を投入し生産財を生産する。
　※ 中間投入財は考慮しない。
③ 家計は，企業に生産要素（資本・労働）を提供して所得を受け取る。そして，その所得をもとに財消費を行う。
④ 交通抵抗は Iceberg 型で考慮する。
⑤ 労働市場は各地域で閉じているものの，資本市場は全地域に開放されているものとする。

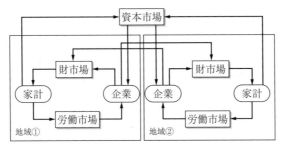

図 2.3　想定する経済構造

2.3.3　想定する政策シナリオ

ここで，Excel 版 RAEM-Light が想定する政策シナリオは道路整備とし，without（政策なし）と with（政策あり（新規道路整備））のそれぞれについて「地域間所要時間」を設定することで，その整備効果を算出することが可能である。

2.3.4　**Excel マクロ操作方法**

それでは，実際に Excel 版 RAEM-Light の操作方法を確認していく。

〔1〕　**入力データの作成**

まず，モデルのインプットデータは「基準均衡データ」という名前のシート内にあり，基準均衡での労働投入量，資本投入量（それぞれ，初期状態では賃金・資本レントを1と仮定しているため，投入金額を入力する），その合計である付加価値額を地域ごとに入力する。これらの値は，実際には産業連関表などから入手が可能である。つぎに，各地域の人口，そして地域間の交通所要時間を交通整備あり・なしの場合を想定して入力する。なお，手順は**図 2.4**に示すとおりである。

30　　2. 汎用型空間的応用一般均衡モデル（RAEM-Light）

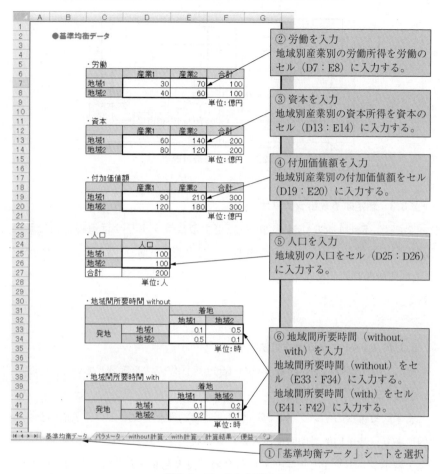

図2.4　データ入力画面

〔2〕 パラメータの作成

つぎは，パラメータの作成である。ここでは，図2.5に示すように，「パラメータ」と書かれたシートに移ると，生産関数の分配パラメータ，効率パラメータ，人口一人当りの労働初期保有量が自動的にキャリブレーションされていることが確認できる。これに加えて，効用関数の消費シェアパラメータと地域間交易モデルのパラメータを外生的に与える必要がある。実際にはこの値は，消費シェアパラメータは産業連関表の最終消費シェアから，地域間交易モ

2.3　ExcelによるRAEM-Lightの計算方法

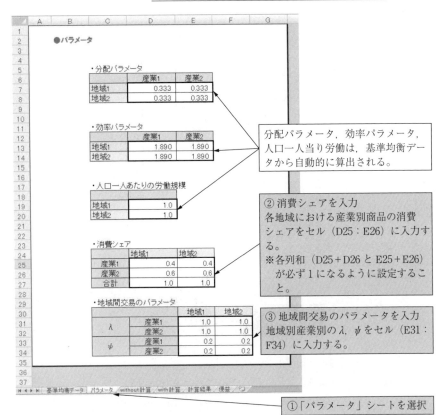

図2.5　パラメータの設定

デルのパラメータは交通需要量を用いた**グリッドサーチ法**[12]により推定していることとなるが，ここでは $\lambda=1.0$, $\psi=0.2$ と設定する。

〔3〕　均衡計算実行

以上の入力作業で，モデルがすべて準備されたたこととなる。そして，図2.6に示すように，「便益」シートの「均衡計算実行」ボタンをクリックすることにより均衡計算が可能となる。コンピュータの性能に依存して，計算時間は異なるが，計算が終わるまで待つ（計算実行マーク（砂時計など）が消えるまで）ことにより各種アウトプットが算出されることになる。この作業はExcelのマクロ機能を用いてVisual Basic言語で書かれているプログラムを実

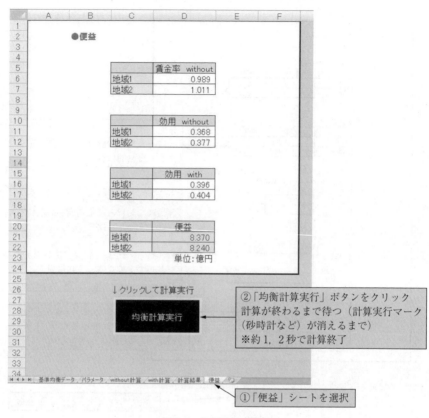

図 2.6 均衡計算の実行

行していることになる。詳細はマクロを編集すれば簡単にそのプログラム構造を知ることができる。具体的には，まず交通整備なしの所要時間で，アルゴリズムに従って均衡計算を行い，つぎに交通整備ありの所要時間での均衡計算を行い，最終的にその差を計算することで各種指標を計算している。

〔4〕 **計算結果の確認**

計算終了後，**図 2.7** に示す「計算結果」シートに地域別産業別の一人当り消費量，産業別地域間交易量，地域別産業別生産額の without，with それぞれのケースの値が出力される。また，地域別便益は**図 2.8** に示す「便益」シートのセル（D21：D22）に出力される。

2.3 ExcelによるRAEM-Lightの計算方法　33

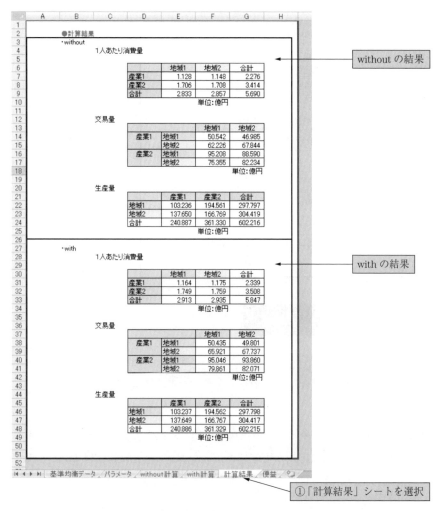

図2.7　計算結果の算出 ①

　この例の場合は地域間交通整備が両地域に8億円程度の便益を生むことが計算されている．それ以外にも，交通整備による影響として各地域各産業の生産量の変化，労働賃金率変化，地域間交易量の変化あるいは一人当り消費水準の変化などを定量的に把握することが可能であることが確認できる．このExcelシートは簡便なものであるが，このシートの内容・マクロでのアルゴリズムを

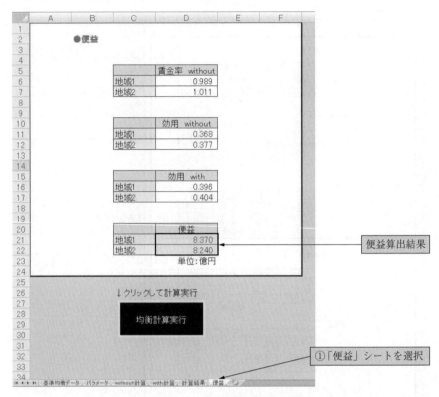

図 2.8 計算結果の算出 ②

ある程度理解すれば，多地域・多産業を対象としたモデルや，中間投入を考慮したモデルにも容易に応用が可能である．なお，Excel 版 RAEM-Light のモデルの詳細および計算フローなどは巻末の付録 B に記載のとおりである．

2.4 実務レベルでの RAEM-Light の計算方法

では，現実のデータを用いた事例を紹介することにより，RAEM-Light を用いてどのような分析が可能であるかを解説する．ここで，実務レベルでの RAEM-Light の計算例として以下に，〔小池，佐藤，川本 (2009)〕[26]および〔Koike, Tavasszy and Sato (2010)〕[9]において分析を行った事例を参考に，パ

ラメータの設定方法あるいは計算結果の政策的意味解釈などを行う．

2.4.1 対象範囲と対象プロジェクト

交通整備評価の実証分析を行う場合，その前提として，対象プロジェクトがおおよそ与えられているとする．この対象プロジェクトを分析する場合，最初に考慮する必要があるのは，どの程度の空間的範囲を対象とするかである．通常は，その対象プロジェクトの特性（例えば，道路整備であれば高速道路であるのか一般道路であるのかなど）により，その道路をおもに利用する交通の出発地あるいは到着地を意識して，それらの地域が含まれるように対象範囲を設定することが一般的である．つぎに，その空間的な対象範囲をどの程度まで詳細に分割（ゾーニング）するかを決定する必要がある．結果の信頼性を高めるうえでは，既存データの整備状況に依存するという考え方もある．一方で，集計データを案分すれば，ある程度詳細な地域でも分割が可能となる．通常 RAEM-Light では世帯は居住地域内に通勤していると仮定しているので，生活圏単位で設定することが望ましいであろう．なお，RAEM-Light に通勤行動を入れたモデルも存在し，その場合はデータの信頼性を考慮して，かなり詳細な地域に分割することも可能である．もちろん，最終的なアウトプットをどの空間レベルで算出したいかも重要な要素である．さらに，対象プロジェクトが設定したゾーンの内々のみの整備である場合は，その整備の影響をモデル化することが難しく，結果の信頼性を下げることになるため注意が必要である．

本事例の場合，対象プロジェクトは中国地方の高規格幹線道路ネットワーク整備なので，その影響範囲は図 2.9 に示すように，中国地方だけでなく四国地方および近畿・九州地方の一部を加えた地域を対象に分析を行った．また，ゾーニングは通勤行動を考慮していないため，二次生活圏レベルを基本とした．

分析の対象とする道路ネットワークを以下に示す．今回，評価の対象としているネットワークは，中国地方内で分析当時に計画されていた高規格幹線道路ネットワークであり，整備なしの状態を表す現況ネットワークは県道以上の道路ネットワークを対象とした．詳細は図 2.10 に示すとおりである．

36   2. 汎用型空間的応用一般均衡モデル（RAEM-Light）

図 2.9　対象範囲・ゾーニング

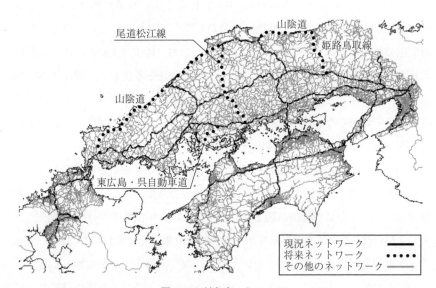

図 2.10　対象ネットワーク

2.4 実務レベルでのRAEM-Lightの計算方法

通常，交通道路整備評価の場合，新規事業に対して評価を行うことが一般的であるが，本事例では，過去の高規格道路の事後評価を含めた分析を行っている．そのため，道路整備の時系列順に3種類のシナリオを設定している．表2.2に示すように，まずwithoutの状態は，対象地域における高速道路ネットワークが整備されていない状態を想定する．つぎに，with0では，現況（2009年時点）までに供用されている高速道路ネットワークがある状態とする．with1では，現況の高速道路ネットワークに加えて，2009年以降着工された姫路鳥取線，尾道松江線，東広島呉道路の整備が完了した状態とする．最後にwith2ではwith1に加えて，山陰道の整備が行われた状態とする．ここで各状態での地域間交通所要時間は渋滞などの影響を考慮していない単純な最短経路での所要時間としている．当然，この所要時間計算には，交通量配分手法を用いて計算することが望ましく，均衡モデルとしての整合性を考えるうえでは，均衡配分法による所要時間を用いることがよいが，ここでは単純に最短経路所要時間を用いている．このようなシナリオ設定を行うことにより，withoutとwith0を比較することで，現況ネットワークの事後評価分析，with0とwith1およびwith2を比較することにより将来ネットワークの事前評価分析

表2.2 想定するネットワーク体系

ネットワーク体系	内　容
without （過去のネットワーク体系）	現況道路ネットワーク（with0）に対してすべての高速道路ネットワーク（高規格幹線道路ネットワーク，図2.10の黒い実線）を削除した道路ネットワーク体系
with0 （現在のネットワーク体系）	現況道路ネットワーク体系 ※ 平成19年度時点（DRM1900の基本道路ネットワークを対象）のネットワーク
with1 （将来のネットワーク体系）	現況道路ネットワーク体系（with0）に対して ・姫路鳥取線 ・尾道松江線 ・東広島・呉自動車道 の3路線を追加した道路ネットワーク体系
with2 （将来のネットワーク体系）	現況道路ネットワーク体系（with1）に対して ・山陰道 の路線を追加した道路ネットワーク体系

が可能となる。なお，ここでの事後評価分析とは，2009年時点の現況で，もし仮に高速道路ネットワークがなかった状態を再現し，現況との差からその効果を評価している。

2.4.2 交易パラメータの推定方法

つぎに，交易パラメータの推定作業を行う。交易パラメータの推定に際して，地域間での交易の現況値を知る必要がある。本来であれば金額ベースの移出入比率を用いるべきであるが，詳細地域ではこのような取引データは存在しない。そこで，RAEM-Lightでは物流センサスにより，対象地域間の貨物OD表を用い，その交通量の比率を交易割合とみなしている。ここで，物流センサスの交通量のデータは品目別にも集計が可能であるが，サンプル数が少なくなるため，ここでは全品目を合計した交通量の比率により，交易割合を算出している。この交易割合と各地域の生産量および交通所要時間を所与として，式(2.21)より誤差を最小にするパラメータを決定する。

このパラメータ推定方法は，さまざまな方法が考えられるが，本分析では比較的簡便なグリッドサーチ法により推定を行っている。**グリッドサーチ法**[12]とは，パラメータの上限，下限を決定し，その間を離散的に分割して，すべての組合せでの誤差を計算し，より誤差が小さい組合せを見つけ，さらにその範囲を小さくして，何度も繰り返し，最も誤差の小さいパラメータの組合せを見つける方法である。本分析では交易モデルのパラメータ設定を，産業別および地域別に行っている。その根拠は，産業により交易の特性が違うことを考慮していると同時に，地域にも交易の特性の違いが観察されたためである。具体的には，山陰，山陽，四国，近畿，九州別でパラメータを設定した。実務的にはパラメータをどのように設定するかは分析者の判断に委ねられているが，交易（この場合，交通量）の特性を十分に把握して，パラメータをどのレベルで共有化するかを決定する必要がある。また，本分析では第三次産業を交易がないものとしてモデル化しているが，現実には卸売小売業など第三次産業にも交易をしている産業が存在している。そのため，より正確な分析のためには，より

細かい産業分類を用い,かつ,旅客 OD 表のうち業務交通をサービス交易として換算するなどして,分析することが望ましい.

その他の生産関数・効用関数に関するパラメータは**キャリブレーション手法**により求めることが可能である.以下に,本分析で用いたパラメータ推計結果を示す.**表 2.3**,**表 2.4** は付加価値の分配パラメータおよび効率パラメータである.ここでは,都道府県の産業連関表の付加価値項目を用い,県別,産業別に値を設定している.設定方法は式 (2.18) および式 (2.19) に示すとおりである.つぎに,**表 2.5** は消費の分配パラメータであるが,これも都道府県産業連関表の最終需要項目を参考に,式 (2.20) により設定している.さらに,**表 2.6** は交易モデルにおけるパラメータであり,前述したグリッドサーチ法を用いて推計を行った結果を示している.

表 2.3 付加価値の分配パラメータ

	第一次産業	第二次産業	第三次産業
鳥取県	0.1879	0.7077	0.6609
島根県	0.2818	0.7217	0.6081
岡山県	0.1926	0.7593	0.6225
広島県	0.1999	0.7156	0.5964
山口県	0.2817	0.7074	0.6155
徳島県	0.2369	0.6428	0.5528
香川県	0.1950	0.7814	0.6240
愛媛県	0.2762	0.6310	0.5946
高知県	0.3065	0.6320	0.6529
兵庫県	0.2424	0.7133	0.5968
大阪市	0.6852	0.7559	0.6567
その他大阪府	0.4250	0.7560	0.6632
福岡県	0.2038	0.7610	0.6316

表2.4 効率パラメータ

	第一次産業	第二次産業	第三次産業
鳥取県	1.6213	1.8297	1.8974
島根県	1.8124	1.8064	1.9534
岡山県	1.6322	1.7365	1.9403
広島県	1.6492	1.8169	1.9630
山口県	1.8121	1.8303	1.9469
徳島県	1.7288	1.9190	1.9889
香川県	1.6377	1.6907	1.9389
愛媛県	1.8027	1.9318	1.9643
高知県	1.8521	1.9307	1.9073
兵庫県	1.7400	1.8205	1.9626
大阪市	1.8643	1.7433	1.9026
その他大阪府	1.9775	1.7430	1.8944
福岡県	1.6581	1.7332	1.9311

表2.5 消費の分配パラメータ

	第一次産業	第二次産業	第三次産業
鳥取県	0.020	0.372	0.608
島根県	0.021	0.330	0.649
岡山県	0.009	0.523	0.468
広島県	0.012	0.440	0.548
山口県	0.008	0.529	0.462
徳島県	0.022	0.400	0.578
香川県	0.017	0.426	0.557
愛媛県	0.023	0.403	0.574
高知県	0.036	0.241	0.724
兵庫県	0.007	0.453	0.540
大阪市	0.005	0.312	0.683
その他大阪府	0.005	0.312	0.683
福岡県	0.008	0.330	0.663

2.4 実務レベルでの RAEM-Light の計算方法

表 2.6 購入先選択確率におけるパラメータ

		山陰	山陽	四国	近畿	九州
第一次産業	λ^m	4.14	5.02	3.94	5.82	9.89
	ψ^m	0.12	0.10	0.10	0.09	0.09
第二次産業	λ^m	6.10	2.29	6.77	4.76	7.31
	ψ^m	0.11	0.15	0.10	0.26	0.53

※第三次産業は地域間交易しないものとして設定

2.4.3 現況再現性確認

前述の設定のもと，2.2.8 項で示したアルゴリズムに従って計算すれば，各シナリオの均衡計算結果が得られる．そこで，まず，モデルの妥当性を判断するため，現況再現性のチェックを行う．本分析の場合には with0 の状態で現況再現性をチェックしている．現況再現性のチェックでは，地域別産業別の付加価値額を実測値とシミュレーション結果で比較することが一般的である．**図 2.11**，**表 2.7** に，本分析の産業別および全産業の付加価値額の現況再現結果を示す．本モデルでは，各地域別の総生産（GRP）の需給バランスが均衡するよう計算していることから，GRP ベースの再現性は非常に高くなっていることがわかる．産業別にみると，生産規模のシェアが高い第二次産業および第三次産業の再現性が高くなる一方で，シェアが低い第一次産業の再現性は全体的にシミュレーション値が過大になる傾向にある．この原因としては，第一次産業の最終需要シェアがほかの産業と比較して小さく，また，交易量を物流データで代替し，かつ，物流データが全品目を集計した値を用いていることに起因していると考えられる．さらに，第一次産業は，対象地域以外からの移入あるいは外国からの輸入の割合も高いためである．ただし，本モデルのアウトプットは with-without の変化量を対象として便益算出およびそのほか産業生産変化などを算出するため，算出結果の妥当性を低下させるほどの要素ではないと考え，このパラメータセットのまま分析を進めている．なお，そこでの想定は，対象地域以外からの移入や輸入が政策前後で一定であると仮定しているとも解釈できる．

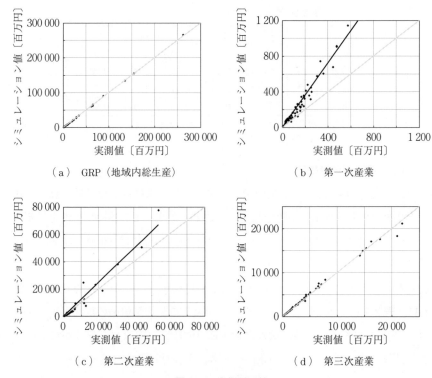

図 2.11 現況再現性

表 2.7 現況再現性(相関係数と%RMS)

	相関係数	%RMS
GRP(地域内総生産)	1.00	0.04
第一次産業	0.99	0.69
第二次産業	0.98	0.69
第三次産業	1.00	0.23

2.4.4 算出結果

ここでは，RAEM-Light を用いた分析の算出結果の一例を紹介する．まず，既存資料を用いて当該地域の交通アクセスの現状について概観する．当該地域の道路整備状況を，時間距離図を用いて示したものを**図 2.12** に示す．図は，通常の物理的距離に基づいた地図と，時間距離に基づいた地図を同時にプロッ

2.4 実務レベルでのRAEM-Lightの計算方法

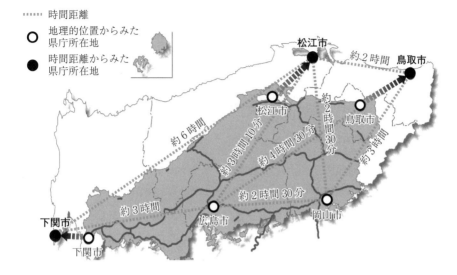

図 2.12 中国地方の時間距離図

トしたものであり，この図からは，日本海側の「山陰地方」と瀬戸内海側の「山陽地方」とを結ぶ南北の時間距離および「山陰地方」の東西方向の時間距離が，「山陽地方」の東西方向の時間距離よりも非常に大きくなっていることがわかる．つまり，当該地域の現在の交通アクセスの状況は「山陰側」と「山陽側」を比較すると，道路整備水準に格差が存在する状況になっていることがわかる．これは，これまでの高速道路整備が山陰側と比較して山陽側に集中的に投資されてきた背景があるためである．まず，最初に RAEM-Light を用いて，この「山陰側」と「山陽側」の道路整備水準の格差の問題に対して，定量的分析を試みた．

最初に，with0（現況道路ネットワーク）を基準とした便益（人口当り便益）比較をした**図 2.13** に示す．ここで，この分析は通常の費用便益分析で考えられている分析シナリオと同様に，将来の交通整備の便益を算出していることとなる．なお，RAEM-Light からはゾーニングごとに便益が算出可能であるが，ここではそれらを山陰側と山陽側で集計した値を用いて分析を進めている．こ

44　2．汎用型空間的応用一般均衡モデル（RAEM-Light）

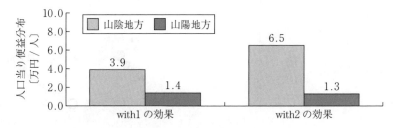

図 2.13　with0 のネットワーク体系を基準とした便益比較

の結果からは，将来のネットワーク体系である with1 および with2 ともに，山陰側に大きな便益が帰着しており，両シナリオともに，山陽側と比較して，山陰側にとって非常に効果のある高速道路ネットワークであることを示している。一方で，山陰側と山陽側を結ぶ高速道路（姫路鳥取線，尾道松江線）および山陰側だけの高速道路（山陰道）を整備することで，山陽側にも便益が波及していることが確認できる。

また，当初問題にしていた，これまでの高速道路整備の観点から道路整備水準の格差の問題を考えてみよう。そこで，基準時点を without（すべての高速道路ネットワークが未整備の状況）とした場合の分析結果を図 2.14 に示す。つまり，高速道路整備が行われていない状態を基準にして，これまでの高速道路整備とこれからの高速道路整備の影響を定量的に分析してみる。

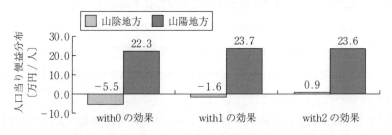

図 2.14　without のネットワーク体系を基準とした便益比較

図から注目すべき点は，これまでの高速道路整備により，山陰側にはマイナスの便益が発生していることである。これは，山陽側への高速道路網の集中投資により，山陽側での生産コストの減少を引き起こし，地域間競争の結果，山

陰側の企業の生産量が減少し，さらに，山陰側の世帯の所得水準を引き下げたためである．これが，交通整備水準の格差による経済的影響であり，地域間の所得格差の一因であると考えられる．そこで，以降の高速道路整備の影響を分析すると，with0 の時点で生じていた山陰地方のマイナスの便益が with1 の時点で少し改善され，with2 の時点では，プラスに転じていることがわかる．仮に，地域間衡平性の判断基準を各地方単位でマイナスの便益が帰着しない状況とすれば，with2 のネットワーク体系は，地域間衡平性の視点からは望ましい状況にあるといえる．

　以上の RAEM-Light の分析結果からいえることは，高速道路整備など地域間を結ぶ交通整備は地域間衡平性に少なからず影響すること，さらに，ある地域の集中投資が他の地域の負の便益を生む可能性があることがわかる．このことは，交通整備により発展する都市，その影響から衰退する都市が現実にあることからも理解することが可能である．一方で，そのために交通整備評価をする場合に，地域間衡平性を考慮するべきではあるが，この計算結果からは，例えば without の時点を基準する場合と with0 を基準にする場合で，帰着便益の影響は大きく異なっていることがわかる．つまり，歴史的な経緯を含めて，どの時点からの地域間衡平性を考えるかは大きく意見の分かれるところである．これまでの経緯を経済学でいう**サンクコスト**[14]と考える場合ならば，新規の道路整備を費用便益基準で選べば十分であろう．しかし，これまでの経緯を含めた地域間衡平性を考える場合，この例では山陰側の帰着便益がプラスになるべきとするならば，with2 までの投資が必要であるという意見も考えられる．このように地域間衡平性の問題は，これまでの歴史的経緯をどのように考えるか，あるいはどの時点を基準に考えるかで，投資の意思決定が大きく異なる可能性がある．このことは国土計画の意味を考えるうえで重要な示唆を多く含んでいる．RAEM-Light のようなモデルでは，将来の高速道路整備だけでなく，シミュレーションにより過去の高速道路整備も事後検証可能であるため，これら国土構造を考えるうえでもさまざまな分析を可能にすることができる．

　それでは RAEM-Light による算出結果をもう少し詳しくみていく．図 2.14

の帰着便益の状況を地域別に詳細に整理したものを図 2.15 ～図 2.17 に示す。with0 の効果をみると，やはり山陰側の多くの地区にマイナスの便益が帰着していることがわかる。山陰側の地区のなかでも，松江地区，浜田地区，米子地区においては，すでに南北軸の高速道路ネットワークが整備されているものの，山陰側東西軸の道路ネットワークの多くの区間が未整備であることから，山陽側に比べて相対的に地域間の競争力が劣ってしまうため，マイナスの便益が帰着する結果となっている。

これに対して，with1 および with2 の効果をみると，道路整備による競争力の強化により，各ネットワーク体系下で徐々に山陰側の地区のマイナス便益が緩和されていることがわかる。例えば，鳥取地区では，with0 の時点で 7.2 万円/(人・年) のマイナス便益が帰着しているのに対して，with2 においては 8.5 万円/(人・年) のプラス便益が帰着していることがわかる。そのほかにも益田地区などでもマイナスの便益が大きく緩和されていることが確認できる。しかし，必ずしも山陰地方の全地区にプラスの便益が帰着しているわけではない結果となっている。これらの結果を図 2.14 の結果と比較すると，ゾーニングの設定（空間集計の設定）次第で結果のみえ方が異なることがわかる。

以上で示した算出結果には，以下の特徴（前提条件）がある点に留意する必要がある。

① 道路ネットワーク整備による物流活動の変化を表現しているため，人流の変化（例えば，通勤行動・ビジネスの打合せ行動の変化など）は考慮していない。今後は適宜人流のモデル化を第三次産業の交易などで行うことで計測対象範囲を拡大していくことが必要である。

② 第一次産業および第二次産業の交易変化のみを対象にしており，第三次産業の交易変化による影響は考慮していないため，便益が過少になっている可能性がある。特に，中国地方の産業特性を考えた場合，山陽側が山陰側より第三次産業の集積度合いが高いため，第三次産業の交易を考慮しないことによる影響は山陽側に大きく出ているものと思われる。今後は第三次産業のうち交易性の高い業種については，別途細分化するこ

2.4 実務レベルでの RAEM-Light の計算方法　47

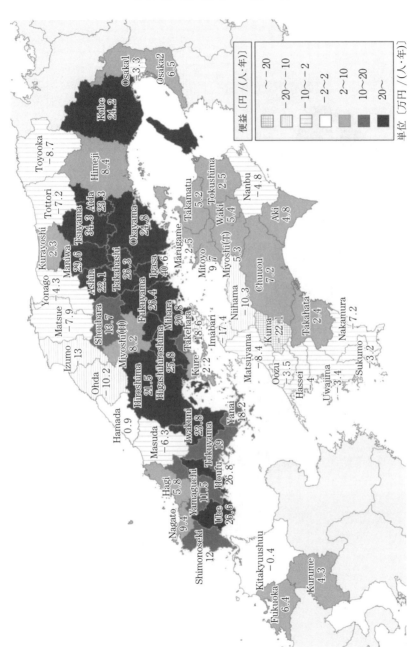

図 2.15　シナリオ ① with0（現況ネットワーク）の効果

48　2. 汎用型空間的応用一般均衡モデル（RAEM-Light）

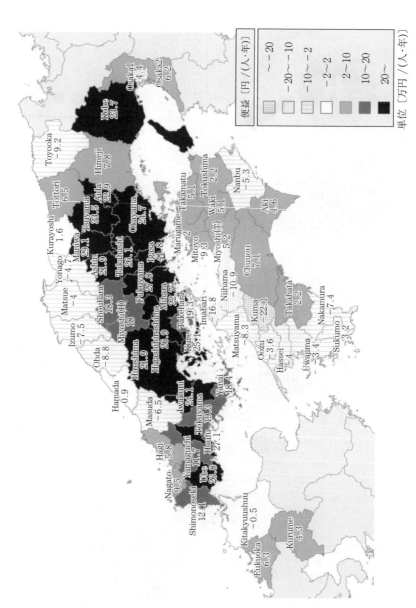

図2.16　シナリオ②with1（現況および将来ネットワーク）の効果

2.4 実務レベルでの RAEM-Light の計算方法　49

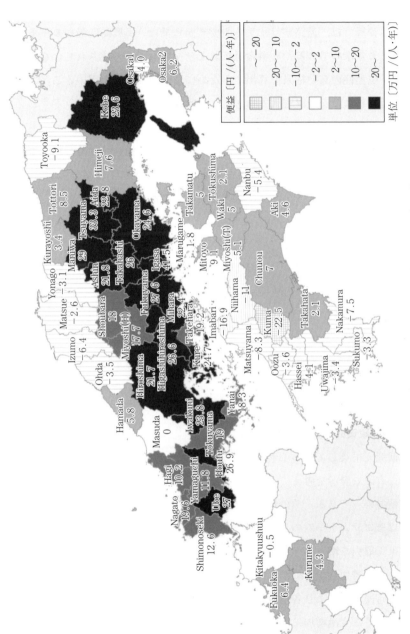

図 2.17 シナリオ③ with2（現況および将来ネットワーク）の効果

とで交易データを与えるなど改善を図る必要がある。

③ 本分析では，道路整備による所要時間短縮は，所要時間最短ルート探索により求めているため料金抵抗および交通混雑が考慮されていない。より現実性の高い結果を算出するためには交通量推計を用いることで料金抵抗および交通混雑両方を考慮した所要時間変化をインプットする必要がある。

④ 労働者の就業先は，すべて地区内としており，通勤移動は考慮していない。つまり，居住地と従業地は同地区内にあるものとしている。しかし，生活圏単位で地区をゾーニングしていることから，地区を越えた通勤行動は多くないものと考えられる。

⑤ 本モデルは，静学モデルであるため，ある一時点での政策実施の比較分析であり，経済成長，人口変化・移動などの動学的な要素は考慮していない。つまり，算出結果は，動学的な社会経済変化の影響を排除した各道路ネットワーク体系別の整備効果である。

⑥ 本研究での政策シナリオは，道路ネットワーク整備のみであるため，その他の社会資本整備（港湾施設など）との複合的な関係性は明示化していない。

2.4.5 政策的インプリケーション

本研究で構築しているモデルは，ワルラス型の一般均衡理論に立脚しているため，有限な資源を考えている。そのため，交通整備の影響は究極的には時間短縮便益のみである。その地域への帰着先は，その便益を地域間で取り合う，いわばゼロサムゲームのような状況を想定している。このため，空間的な競争の結果，取引を増大させる地域と減少させる地域が生じる構造になっており，地域間の帰着便益が負になる地域が出てくる。具体的には，ある地域間における所要時間短縮により各地域の取引先がシフトされることで，取引需要が増大する地域では生産増加に伴いプラスの便益が帰着し，取引需要が減少する地域では生産減少に伴いマイナスの便益が帰着する構造になっている。このような

モデルを用いることは，地域間衡平性の議論をするうえでは，以下で示す点において有効であると考える．

① 従来の情緒的な地域間衡平性の議論に対して，地域間の競争力（競争機会）の変化をモデル化することで効果のバランスに関する客観的な情報を提供できる．

② 従来の地域間衡平性の議論では，おもに所得水準などの空間的な統計指標を活用した検証・分析がなされているが，これらの情報はさまざまな社会的要因が複雑に関係した結果を示すものであることから現状認識という意味においては有効であるものの，政策分析という視点からは必ずしも十分ではない．それに対して，本書では道路整備と経済構造変化の「因果関係」を明示的にモデル化することで政策分析を可能にしているため，政策間の比較検討が可能であり，優先順位の決定などの意思決定段階において有効な情報を提供できる．

一方で，前項で示したように，本モデルによる結果を活用する際には，比較基準および空間軸の設定次第で結果のみえ方が異なってくることから，議論の前提条件を明確に提示することが求められる．さらに，これらの情報を踏まえて地域間衡平性の視点から政策を「判断（評価）」する際には，「どのような状態を地域間衡平性が担保されていると判断すべきか？」の視点が重要となってくる．地域間衡平性の議論は，価値観の異なる主体が複雑に関与することから，一律の基準・指標を設けることは難しい．しかし，判断が難しいからこそ，議論を重ねることで社会的にコンセンサスの得られた政策を実施していく必要があると考える．本分析で示した定量的情報は，そのような議論の土台となる情報（共通認識）として有効であると考えている．

2.5 RAEM-Lightの特徴と注意点

以上のように，本章では汎用型空間的応用一般均衡モデル（RAEM-Light）の解説を，そのモデル構造，Excelを用いたモデル演習，実務レベルでの分析

事例を通じて行った．空間的応用一般均衡モデルを実務に利用する際は，数多くの困難を克服する必要がある．その一つはデータの制約であり，特に地域間交易に関するデータの入手は困難である．さらに，交通所要時間と地域間交易量がどのような関係になっており，それをどうモデリングするかが重要なポイントである．通常，伝統的な空間的応用一般均衡分析では地域間交易を **CES 型関数**[15]で定義し，一般化交通費用は価格に**マークアップ**[16]させる方法を用いる．この場合，交通所要時間の短縮がどの程度需要に反映するかは，一般化交通費用に用いる時間価値および CES 型関数の代替弾力性パラメータに依存する．しかし，この両パラメータに関する知見は少なく，過去の研究結果から引用する場合がほとんどである．RAEM-Light が対象としているような小地域の交通整備の影響を分析する際には，この両パラメータをどのように設定するかに，結果が大きく依存することになる．RAEM-Light の特徴は，この部分を交通需要予測の分野で発展した集計型ロジットモデルにより，この両パラメータを対象地域に応じて統計的に決定している点にある．そのため，交通整備による時間短縮がどの程度，地域間交易に影響するかを正確に描写することができる．さらに，その影響が地域経済に影響する過程はミクロ経済学的な一般均衡のフレームで計測が可能である．このことから，小地域においては非常に有効な政策分析ツールといえる．

　しかしながら，この部分に改良を加えたために，RAEM-Light は厳密な意味での一般均衡体系ではない．本来，ワルラス型の一般均衡体系とは，体系に含まれる方程式が，必ず価格に対してゼロ次同次性を満たしていなければならない．つまり，モデル内のすべての価格ベクトルを2倍にしてもモデル内で内生的に決定される量ベクトルの値には影響しないという性質である．この性質を満たすためにはモデル内の個別の関数も当然この関係を満たさなければならない．しかし，RAEM-Light における地域間交易係数は，交通工学的な関数であるために，厳密にはこの性質を満たさない．そのため，一般均衡が満たすべきワルラス法則を厳密に満たしているとはいえない．そのため，本来ならば，モデルにニュメレール財を設定せずに，すべての生産要素を均衡させる必要があ

2.5 RAEM-Light の特徴と注意点

る。本章で説明した RAEM-Light の場合は，資本市場の価格を均衡させる必要がある。ただし，われわれの数値実験では，この資本市場を均衡させることによる影響は微々たるもので，実務的には影響が少ないことがわかっている。そのため，本分析ではこの部分を捨象している。今後は，実証分析を多く積み重ね，このワルラス法則を満たさないことによる影響がどの程度かを検証する必要がある。

　そのほか，このような分析がどの程度信頼性のある値であるかを問われることが多い。当然，モデルによるシミュレーションである以上，多くの前提条件に依存したモデルであり，モデルの結果が現実の結果を完全に表現することは不可能である。当然，結果の信頼性を高める努力を今後も続けていくべきであるが，このような演繹的手法によるシミュレーション結果の意味は，理論的に妥当と考えられるプロセスで計算した結果であり，その結果が将来実現するかどうかは，政策の意思決定にあまり影響を与えないと考えることが一般的である。この部分に関しては，次章で詳しく議論していく。

3 汎用型空間的応用一般均衡モデル（RAEM-Light）の応用事例

3.1 地域経済への波及効果の分析

　本章では，前章までの**汎用型空間的応用一般均衡モデル**（RAEM-Light）を用いた応用事例を紹介する。社会資本整備の評価手法として，わが国では費用便益分析により，最終的にはB/C（ビーバイシー）の値によって判断されるべきであるという認識が定着している。これは，1章でも説明したように，社会として当該社会資本整備が効率的かどうかの判断をしていることに等しい。すなわち，仮説的補償原理のうえでの議論であると同時に，功利主義的な判断である。しかしながら，社会資本整備は，それが整備された地域には社会経済活動に大きな影響を及ぼすことも知られている。例えば，高速道路が開通することにより，観光客が増加し，地域経済が活性化するなどである。これら間接効果は，費用便益分析だけを行うのであれば，市場でキャンセルアウトされるため，わざわざ定量化する必要はない。そのため，費用便益マニュアルでは，3便益（走行時間短縮，走行経費削減，交通事故減少）のみを計上することとなっている。

　しかしながら，社会資本整備の評価として，地域経済への影響を定量化することの要請は多く，その意義も今後ますます高まってくると考えられる。その理由は

① 社会資本整備により，当該地域の経済への影響を知ることは，事業のアカウンタビリティを高め，住民の合意形成に寄与する。

② 社会的効率性のみの判断だけでなく，国土の均衡ある発展や地域経済の持続可能性を判断するうえで，社会資本整備計画の重要な判断材料となる。
③ そして，地域経済への影響を知ることで，その社会資本整備事業を活かした今後の地域政策を効率的に計画・立案することが可能である。

などが考えられる。① は地域経済への影響を定量的に把握することで，地域産業への影響を把握し，社会資本整備により地域社会がどのような影響を受けるのかを知り，社会資本整備への意見を明確にすることが可能であろう。また，② では地域間格差のためには，B/C の判断だけでなく，地域間格差を是正する社会資本整備計画が立案可能となる可能性がある。さらに，③ では，社会資本整備の地域経済へ及ぼす影響を定量的に把握することで，企業誘致政策・観光誘致政策などを効率的に立案することが可能となる。さらに，これらの政策が効率的になれば社会資本整備の価値がますます高まることとなる。

このように，空間的応用一般均衡モデルを用いて，社会資本整備の地域経済への波及効果を知ることは，よりよい社会資本整備計画を策定するうえで非常に重要であり，ニーズが高まってきている。そこで，本節では地域経済への波及効果の分析事例として，〔鳥取県県土整備部道路企画課，道路建設課 (2009)〕[38]において検討された事例を紹介する。

3.1.1 モデルの改良点

前述の目的に従って，RAEM-Light の出力指標の一つである生産量の変化に着目し，道路整備が地域経済へ与える経済波及効果の計測を行う。その際，産業分類を分析対象地域の産業特性に応じて細かく分類することで，社会資本整備（道路整備）が地域のどのような産業に対してどの程度の影響を及ぼすのかを明確化することが可能となる。また，統計データ上は分類されない観光産業についても他の統計データを用いて推計することで一つの産業として定義づけている。

ここで，分析の対象は 2.4 節で解説した実務レベルでの RAEM-Light の計算方法で示した，分析対象範囲としている。なお，産業分類に関しては，より詳

細に，18産業としている．このような詳細な地域で詳細な産業を設定する場合は，政府が公表しているデータソースを使うことが望ましいが，市町村別産業別の付加価値額が入手不可能な場合は，県単位の産業別付加価値額を市町村別の従業者人数などの統計資料で案分して求めている．一方で，観光産業の付加価値額に関しては，市町村別の観光客入込客数に一人当り消費金額を乗じ，サービス業の付加価値比率を除して求めている．さらに，地域別 GRP の総計に合うように，設定した観光業の付加価値を他のサービス業の付加価値から差し引いている．このように，多少の工夫を施すことで，詳細な地域で，分析結果として有用な詳細産業での分析が可能となる．

3.1.2 パラメータの設定・現況再現性

2.4 節と同様に，モデルの各種パラメータは，表 3.1 にまとめた推定方法により求めた．なお，観光産業の購入先選択確率に関しては，旅客純流動データに含まれる観光目的のトリップ OD 表からロジットモデルに関するパラメータを推定している．

表 3.1　パラメータ推定方法

パラメータ	推定方法
付加価値関数に関する分配パラメータ（労働）	付加価値額のうち雇用者所得が占める割合で設定
付加価値関数に関する効率パラメータ	付加価値関数からキャリブレーションで設定
消費の分配パラメータ	平成 12 年全国産業連関表の総最終需要額のうち各部門最終需要が占めるシェアをもとに設定（全地域一律）
購入先選択確率のロジットモデルに関するパラメータ	地域内産業連関表および道路交通センサス（観光トリップ OD 表）を用い，グリッドサーチにより設定

パラメータの推定結果を以下の**表 3.2**～**表 3.5** に示す．なお，パラメータの設定は，作業の簡便さから，県単位で行っている．そのため，県内の各地域は同一の技術を仮定していることとなる．

表 3.2 付加価値の分配パラメータ

	農業	林業	漁業	食料品等製造業	繊維工業	木材・木製品・パルプ製造業	化学工業・プラスチック	ゴム製品製造業	金属製品・鉄鋼業
鳥取県	0.089	0.242	0.544	0.680	0.765	0.590	0.727	0.710	0.745
島根県	0.159	0.082	0.649	0.715	0.795	0.726	0.661	0.753	0.628
岡山県	0.171	0.248	0.301	0.699	0.767	0.694	0.652	0.774	0.634
広島県	0.195	0.219	0.186	0.658	0.741	0.650	0.618	0.745	0.633
山口県	0.192	0.337	0.471	0.565	0.765	0.623	0.518	0.652	0.661
兵庫県	0.200	0.263	0.347	0.666	0.800	0.645	0.587	0.819	0.668
大阪府	0.426	0.455	0.414	0.729	0.825	0.744	0.618	0.759	0.737
京都府	0.172	0.237	0.359	0.712	0.818	0.700	0.641	0.703	0.718
福井県	0.185	0.106	0.459	0.562	0.820	0.667	0.622	0.660	0.660
岐阜県	0.297	0.568	0.124	0.500	0.777	0.623	0.630	0.689	0.724
愛知県	0.186	0.416	0.363	0.701	0.863	0.695	0.681	0.691	0.658
三重県	0.217	0.348	0.502	0.530	0.810	0.707	0.555	0.610	0.694
滋賀県	0.172	0.270	0.270	0.585	0.812	0.685	0.630	0.649	0.699
奈良県	0.190	0.324	0.357	0.596	0.820	0.734	0.689	0.764	0.754
和歌山県	0.194	0.268	0.441	0.693	0.834	0.692	0.594	0.714	0.665

	一般機械	電気機械	情報通信	電子製品・デバイス	その他製造業	建設業	卸売・小売業	サービス	観光
鳥取県	0.715	0.693	0.730	0.602	0.678	0.832	0.796	0.613	0.572
島根県	0.717	0.832	0.721	0.602	0.682	0.768	0.837	0.692	0.561
岡山県	0.738	0.844	0.791	0.685	0.863	0.855	0.786	0.645	0.590
広島県	0.711	0.776	0.670	0.536	0.656	0.878	0.639	0.706	0.577
山口県	0.740	0.711	0.761	0.600	0.842	0.852	0.806	0.675	0.575
兵庫県	0.700	0.718	0.691	0.557	0.692	0.856	0.807	0.691	0.551
大阪府	0.751	0.729	0.746	0.674	0.771	0.870	0.815	0.714	0.603
京都府	0.742	0.749	0.719	0.584	0.619	0.858	0.784	0.691	0.546
福井県	0.732	0.646	0.572	0.572	0.649	0.777	0.708	0.627	0.462
岐阜県	0.745	0.748	0.714	0.619	0.650	0.685	0.722	0.675	0.516
愛知県	0.649	0.683	0.761	0.622	0.723	0.822	0.763	0.650	0.556
三重県	0.682	0.631	0.570	0.525	0.781	0.851	0.806	0.669	0.589
滋賀県	0.709	0.647	0.717	0.613	0.641	0.852	0.807	0.673	0.557
奈良県	0.733	0.638	0.743	0.574	0.738	0.832	0.814	0.677	0.528
和歌山県	0.704	0.711	0.706	0.638	0.864	0.734	0.806	0.667	0.582

表3.3 効率パラメータ

	農業	林業	漁業	食料品等製造業	繊維工業	木材・木製品・パルプ製造業	化学工業・プラスチック	ゴム製品製造業	金属製品・鉄鋼業
鳥取県	1.351	1.740	1.992	1.872	1.726	1.968	1.798	1.826	1.764
島根県	1.550	1.328	1.912	1.818	1.660	1.799	1.898	1.748	1.935
岡山県	1.580	1.751	1.843	1.843	1.722	1.852	1.908	1.707	1.929
広島県	1.639	1.692	1.616	1.901	1.772	1.911	1.944	1.765	1.930
山口県	1.630	1.895	1.997	1.983	1.724	1.940	1.999	1.908	1.897
兵庫県	1.650	1.778	1.907	1.891	1.650	1.917	1.970	1.604	1.888
大阪府	1.978	1.992	1.971	1.794	1.589	1.767	1.945	1.737	1.779
京都府	1.582	1.730	1.921	1.823	1.606	1.842	1.921	1.837	1.813
福井県	1.613	1.402	1.993	1.985	1.602	1.889	1.940	1.899	1.898
岐阜県	1.837	1.981	1.454	2.000	1.700	1.939	1.933	1.859	1.802
愛知県	1.617	1.972	1.926	1.840	1.491	1.850	1.870	1.856	1.901
三重県	1.686	1.908	2.000	1.996	1.626	1.830	1.988	1.952	1.851
滋賀県	1.584	1.793	1.792	1.971	1.621	1.864	1.932	1.911	1.843
奈良県	1.627	1.877	1.919	1.963	1.603	1.784	1.858	1.727	1.747
和歌山県	1.635	1.787	1.986	1.853	1.568	1.854	1.965	1.820	1.892

	一般機械	電気機械	情報通信	電子製品・デバイス	その他製造業	建設業	卸売・小売業	サービス	観光
鳥取県	1.817	1.853	1.791	1.958	1.875	1.574	1.659	1.949	1.979
島根県	1.815	1.573	1.808	1.959	1.869	1.719	1.561	1.855	1.985
岡山県	1.777	1.542	1.671	1.865	1.492	1.512	1.681	1.916	1.968
広島県	1.824	1.702	1.886	1.995	1.903	1.449	1.923	1.832	1.976
山口県	1.774	1.825	1.733	1.960	1.547	1.521	1.636	1.879	1.978
兵庫県	1.842	1.812	1.856	1.987	1.854	1.509	1.634	1.856	1.990
大阪府	1.754	1.794	1.762	1.880	1.713	1.472	1.613	1.819	1.958
京都府	1.770	1.757	1.812	1.972	1.944	1.505	1.684	1.855	1.991
福井県	1.788	1.915	1.979	1.979	1.912	1.700	1.829	1.936	1.994
岐阜県	1.763	1.759	1.819	1.944	1.911	1.865	1.806	1.878	1.999
愛知県	1.912	1.868	1.732	1.941	1.804	1.597	1.729	1.911	1.988
三重県	1.869	1.931	1.980	1.997	1.692	1.522	1.636	1.887	1.968
滋賀県	1.827	1.915	1.814	1.949	1.921	1.521	1.633	1.882	1.987
奈良県	1.787	1.924	1.767	1.978	1.778	1.572	1.617	1.876	1.997
和歌山県	1.836	1.824	1.833	1.924	1.488	1.785	1.636	1.890	1.973

表3.4 消費の分配パラメータ

	農業	林業	漁業	食料品等製造業	繊維工業	木材・木製品・パルプ製造業	化学工業・プラスチック	ゴム製品製造業	金属製品・鉄鋼業
鳥取県	1.3%	0.0%	0.1%	10.1%	1.0%	2.5%	0.0%	0.0%	0.0%
島根県	1.5%	0.2%	0.9%	1.7%	0.9%	0.6%	0.0%	0.0%	0.0%
岡山県	0.2%	0.1%	0.0%	5.1%	2.2%	0.2%	6.5%	0.5%	5.6%
広島県	0.0%	0.0%	0.0%	4.1%	1.1%	1.2%	0.0%	0.1%	5.0%
山口県	0.7%	0.1%	0.2%	4.8%	0.8%	1.7%	12.0%	0.9%	4.9%
兵庫県	0.0%	0.0%	0.0%	7.1%	0.4%	0.0%	1.7%	0.2%	3.0%
大阪府	0.0%	0.0%	0.0%	1.6%	0.8%	0.0%	2.7%	0.0%	2.7%
京都府	0.0%	0.1%	0.0%	7.9%	1.4%	0.0%	0.0%	0.0%	0.0%
福井県	0.1%	0.1%	0.1%	1.9%	6.9%	0.6%	0.6%	0.0%	0.0%
岐阜県	0.1%	0.1%	0.0%	2.2%	2.9%	2.8%	0.0%	0.3%	0.0%
愛知県	0.0%	0.0%	0.0%	3.7%	0.7%	0.0%	0.0%	0.0%	0.0%
三重県	0.3%	0.0%	0.2%	5.2%	0.4%	0.0%	7.2%	1.5%	0.5%
滋賀県	0.5%	0.0%	0.0%	5.6%	1.4%	0.0%	6.0%	0.7%	0.0%
奈良県	0.4%	0.3%	0.0%	3.4%	2.2%	0.9%	0.0%	1.1%	0.3%
和歌山県	1.1%	0.0%	0.8%	8.0%	2.6%	0.2%	4.5%	0.2%	5.7%

	一般機械	電気機械	情報通信	電子製品・デバイス	その他製造業	建設業	卸売・小売業	サービス	観光
鳥取県	1.3%	3.3%	2.2%	7.2%	0.0%	16.0%	8.9%	40.1%	6.2%
島根県	3.9%	0.3%	8.3%	0.0%	0.0%	22.3%	6.7%	46.2%	6.5%
岡山県	7.3%	2.6%	0.6%	2.3%	0.0%	12.6%	6.4%	42.0%	5.8%
広島県	13.3%	0.5%	0.4%	1.3%	0.0%	12.0%	12.6%	42.3%	6.1%
山口県	8.8%	1.5%	1.2%	1.2%	9.2%	7.9%	7.5%	31.2%	5.4%
兵庫県	8.7%	5.8%	2.9%	0.1%	0.0%	13.8%	5.8%	41.6%	8.7%
大阪府	4.8%	4.0%	0.7%	0.0%	0.4%	7.8%	21.7%	45.3%	7.5%
京都府	8.3%	2.9%	0.4%	3.5%	3.5%	11.5%	9.8%	39.7%	11.0%
福井県	5.8%	3.6%	0.1%	5.9%	0.0%	15.8%	7.1%	45.4%	5.9%
岐阜県	11.0%	6.7%	0.3%	0.0%	3.9%	17.1%	9.2%	35.1%	8.3%
愛知県	29.3%	2.6%	1.4%	0.0%	0.0%	10.7%	13.3%	31.7%	6.6%
三重県	15.6%	7.9%	0.7%	5.4%	2.7%	14.9%	1.9%	28.1%	7.6%
滋賀県	18.7%	9.8%	5.1%	3.0%	4.3%	13.6%	1.3%	23.7%	5.8%
奈良県	6.4%	2.1%	2.8%	5.9%	0.0%	15.7%	4.4%	46.7%	7.4%
和歌山県	5.8%	0.4%	0.1%	0.0%	2.2%	14.3%	5.1%	40.8%	8.3%

60   3. 汎用型空間的応用一般均衡モデル（RAEM-Light）の応用事例

表 3.5 購入先選択確率におけるパラメータ

λ	農業	林業	漁業	食料品等製造業	繊維工業	木材・木製品・パルプ製造業	化学工業・プラスチック	ゴム製品製造業	金属製品・鉄鋼業
鳥取	4.82	7.00	6.16	5.39	4.82	1.00	3.16	1.59	1.70
山陰	2.37	3.91	3.21	3.80	3.05	1.00	1.29	1.41	2.21
山陽	5.11	6.54	5.90	3.30	2.30	1.00	3.12	1.87	3.08
兵庫	2.99	2.95	2.50	1.22	7.03	1.00	4.94	4.01	1.00
近畿	4.78	1.57	5.03	8.24	5.40	1.00	6.50	1.46	4.67
中部	4.72	1.67	2.40	1.19	8.37	1.00	2.48	0.78	4.10

λ	一般機械	電気機械	情報通信	電子製品・デバイス	その他製造業	建設業	卸売・小売業	サービス	観光
鳥取	5.46	8.20	4.74	1.98	1.66	1.00	6.22	1.00	6.77
山陰	7.00	8.83	0.01	1.78	2.02	1.00	8.25	1.00	5.28
山陽	1.99	0.89	0.01	2.57	3.67	1.00	3.40	1.00	1.19
兵庫	6.59	7.41	3.35	7.55	5.84	1.00	2.08	1.00	3.50
近畿	3.92	1.00	2.37	3.11	4.22	1.00	2.35	1.00	5.21
中部	4.06	4.31	2.30	3.20	3.27	1.00	7.10	1.00	3.25

ψ	農業	林業	漁業	食料品等製造業	繊維工業	木材・木製品・パルプ製造業	化学工業・プラスチック	ゴム製品製造業	金属製品・鉄鋼業
鳥取	0.122	0.112	0.111	0.118	0.120	0.000	0.088	0.121	0.106
山陰	0.146	0.098	0.100	0.090	0.122	0.000	0.072	0.055	0.161
山陽	0.235	0.576	0.340	0.110	0.140	0.000	0.259	0.102	0.111
兵庫	0.271	0.237	0.250	0.467	0.101	0.000	0.133	0.100	0.774
近畿	0.119	0.047	0.100	0.111	0.118	0.000	0.109	0.203	0.109
中部	0.090	0.155	0.106	0.615	0.119	0.000	0.341	0.191	0.130

ψ	一般機械	電気機械	情報通信	電子製品・デバイス	その他製造業	建設業	卸売・小売業	サービス	観光
鳥取	0.091	0.110	0.089	0.323	0.031	0.000	0.122	0.000	0.099
山陰	0.700	0.289	0.001	0.067	0.177	0.000	0.329	0.000	0.394
山陽	0.125	0.476	0.001	0.118	0.091	0.000	0.370	0.000	0.254
兵庫	0.109	0.110	0.079	0.100	0.189	0.000	0.192	0.000	0.134
近畿	0.235	0.760	0.068	0.195	0.102	0.000	0.148	0.000	0.112
中部	0.202	0.117	0.140	0.093	0.232	0.000	0.119	0.000	0.128

3.1 地域経済への波及効果の分析

このパラメータ設定のもと，RAEM-Light の計算を行い，現況再現性の確認を行った。その結果を**表 3.6** および**図 3.1** に示す。地域別総生産（GRP）については平均二乗偏差（%RMS 誤差），相関係数ともに非常に高い再現性を確保できていることがわかる。

表 3.6 現況再現結果

産　業	相関係数	%RMS
農　業	0.96	0.85
林　業	0.87	1.59
漁　業	0.97	1.20
食料品等製造業	0.98	0.71
繊維工業	0.94	1.06
木材・木製品・パルプ製造業	1.00	0.21
化学工業・プラスチック	0.97	0.55
ゴム製品製造業	0.98	1.50
金属製品・鉄鋼業	0.97	0.76
一般機械	1.00	1.06
電気機械	0.98	0.58
情報通信	0.95	1.84
電子製品・デバイス	0.99	0.83
その他製造業	0.96	1.17
建設業	0.97	0.52
卸売・小売業	0.96	1.11
サービス	1.00	0.26
観　光	0.99	10.72
GRP	1.00	0.13

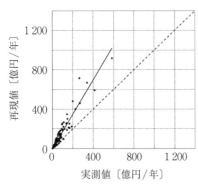

(a) 農業

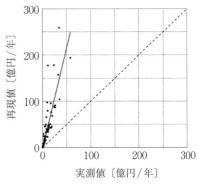

(b) 林業

図 3.1　現況再現性の結果

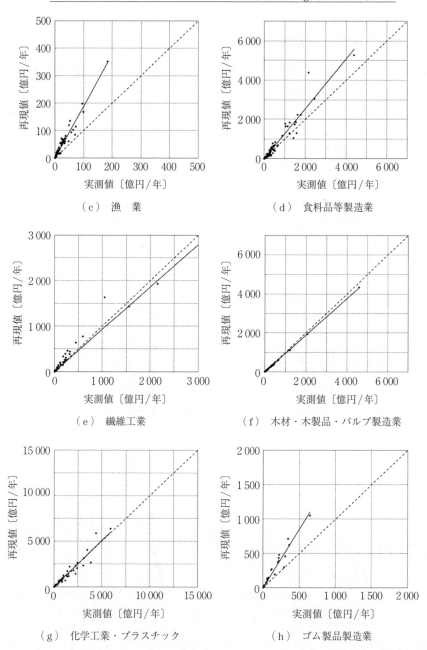

図 3.1 (つづき)

3.1 地域経済への波及効果の分析　　63

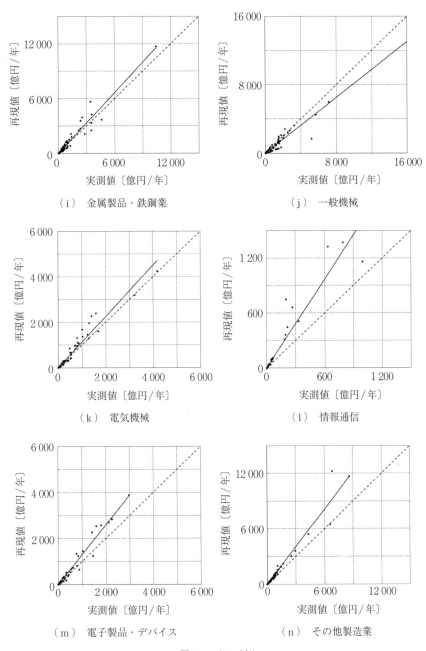

図 3.1　（つづき）

64　3．汎用型空間的応用一般均衡モデル（RAEM-Light）の応用事例

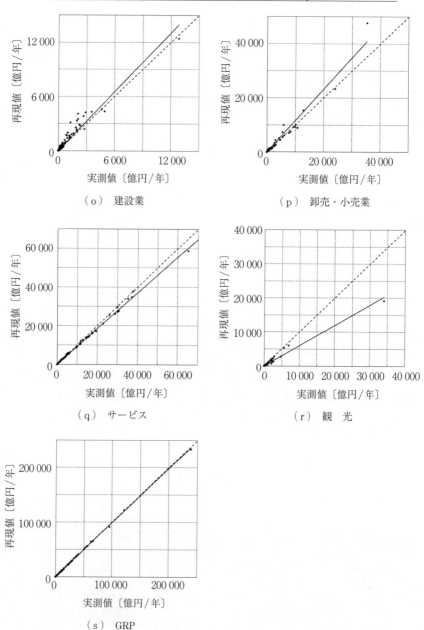

図 3.1　（つづき）

産業別生産額の再現性をみると，%RMS 誤差については，産業によって若干違いがあるものの，産業規模の大きい製造業系およびサービス業系においてはある程度の再現性を確保できている．また相関係数についても，全体的に非常に高い数値を示しており，両指標からは，産業別においてもある程度の再現性は確保できているといえる．ただし，サービス業，観光業に関しては過少に，それ以外の産業に関しては過大に推計されている．これは，効用関数のパラメータは全地域で同一としていること，また，生産関数および交易に関するパラメータを都道府県で同一としているために発生していると考えられる．

3.1.3 分析結果と政策的含意

本分析では，鳥取県の県内産業に分析の焦点を絞り，鳥取県内の地域経済が当該および周辺地域の道路整備によってどのような影響を受けるかを解析した．分析対象事業は，鳥取県の地域経済へ影響を与えることが想定される中国地方・近畿地方と中部地方の一部の路線を対象とした．図 3.2 はその道路整備を示しており，対象事業は点線で示すすべての高規格道路および高速道路とし，このすべての道路のあり・なしの影響を分析している．

まず，県内の経済指標を表す生産量の変化をみる．図 3.3 に示すように，周辺道路の整備により，鳥取県内の全産業の付加価値額は，年間 229 億円（変化率 1.2 %）の増加が見込まれる．特に，鳥取市地区では，道路整備により年間約 90 億円の付加価値額の増加が見込まれることがわかる．当然，RAEM-Light の計算では，鳥取県以外の地域の生産量変化も計算されているが，ここでは鳥取県地域の影響のみを示している．また，鳥取県以外の地域には生産量を減少させる地域があることには注意が必要である．

さらに，図 3.4 に示すように，鳥取県内の各産業の生産量変化の内訳をみると，電子機械・電子製品・デバイス，農業，観光などの産業の増加量が大きく，これらの産業が道路整備によって鳥取県の経済成長を支援することが期待できることがわかる．ただし，図には示していないが，道路整備の影響が相対的に少ないサービス業では生産量を減少させていることには注意が必要である．

3. 汎用型空間的応用一般均衡モデル（RAEM-Light）の応用事例

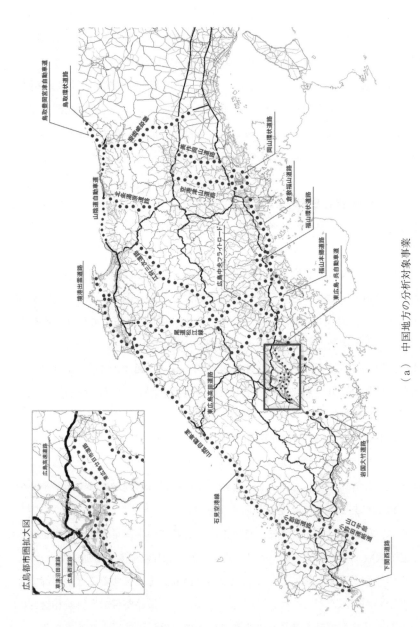

(a) 中国地方の分析対象事業

図 3.2 分析の対象範囲と対象事業

3.1 地域経済への波及効果の分析　67

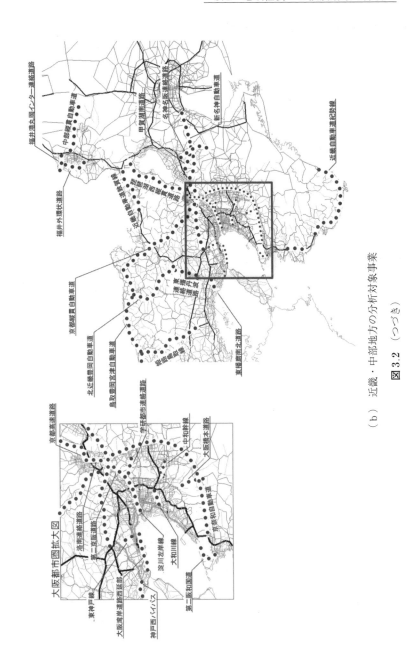

(b) 近畿・中部地方の分析対象事業

図 3.2 (つづき)

68　　3. 汎用型空間的応用一般均衡モデル（RAEM-Light）の応用事例

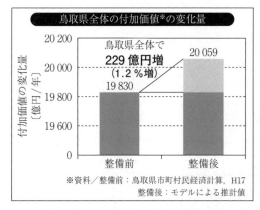

図 3.3　鳥取県の生産量変化

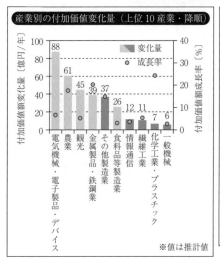

図 3.4　産業別の生産量変化

さらに，RAEM-Light の特徴を生かすべく，産業別の生産量変化において上位となっている企業について，効果の地域分布を整理してみる．まずは，**図 3.5** に示すように，生産量変化 1 位の電子機械・電子製品・デバイスについてみると，現状で各地区の総付加価値額に対する電子機械・電子製品・デバイスのシェアが高い鳥取市，岩美町，倉吉市地区においてプラス成長が見込まれて

3.1 地域経済への波及効果の分析   69

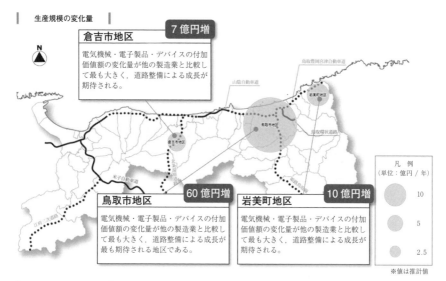

スイッチ・センサ（倉吉市）　生活家電（鳥取市）　液晶ディスプレイ（鳥取市）　乾電池（岩美町）

図 3.5　電子機械・電子製品・デバイスの地域別生産量変化

いる．特に，鳥取市地区では付加価値額が年額 60 億円近く増加することが見込まれており，他地区と比較して大きな発展が期待される．このような整理からわかることは，以下のようにまとめられる．

- 鳥取県内の電子機械・電子機器・デバイスは，道路整備により輸送コストが削減されることから，より大規模な消費地への出荷が可能となり，生産量を拡大することにより，付加価値額が潜在的に 7 ％増加する可能性を有している．特に，現状で付加価値額の高い鳥取市では非常に高い成長が期待される．

- 例えば，県内で生産されている液晶ディスプレイ・生活家電（鳥取市），乾電池（岩美町），制御系機器（倉吉市）などについて，道路整備により組立て後の製品を都市圏・海外への効率的な出荷を支援することが期待される。また，関連下請け企業からの原材料の調達が効率的になり生産コストが低減することも期待できる。

つぎに，生産量変化2位の農業についてみると，図3.6に示すように，現状で農業の付加価値額が高い東伯町地区，大栄町地区などで大きく成長することが期待される。その他の地区でも，日本海沿岸を中心に多くの地区でプラス成長が見込まれる。同様に以下のようにまとめることができる。

- 鳥取県内の農業は，道路整備により輸送コストが削減されることから，より大規模な消費地への出荷が可能となり，生産を拡大することにより，付加価値額が潜在的に18％増加する可能性を有している。特に，現状で農業が盛んな中部地域の日本海沿岸では多くの市町村において付加価値額の増加が期待される。

- 例えば，特産品である二十世紀梨（県内全域），白ねぎ（米子市・境港市），すいか（北栄町・倉吉市・琴浦町），らっきょう（鳥取市・北栄町）などの農産物，大山山麓で盛んに行われている畜産について，道路ネットワークを活用した都市圏への出荷を積極的に行うことで相乗的な効果の発現が期待される。具体的には，都市圏での鮮度をセールスポイントとした販売活動の促進などが想定される。

つぎに，生産量変化3位の観光業についてみると，図3.7に示すように，鳥取砂丘など，有名観光地を多く擁する鳥取市地区，水木しげるロードが有名な境港市地区，温泉施設が多い中部地域の市町村において高い成長を示している。特に，鳥取市地区では年間15億円以上の成長が見込まれている。同様に以下のようにまとめることができる。

- 鳥取県内の観光業は，道路整備により観光施設へのアクセス性が向上することから，より大規模な消費地からの入込観光客の増加が期待され，生産規模が潜在的に5％増加する可能性を有している。特に，現状で観光業の

3.1 地域経済への波及効果の分析

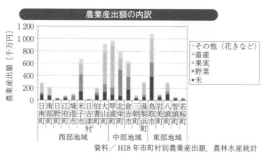

図 3.6 農業の地域別生産量変化

付加価値額が高い鳥取市，中部地域の各市町村（倉吉市，三朝町など），境港市では高い成長が期待できる。

・例えば，鳥取砂丘（鳥取市），水木しげるロード（境港市），三朝温泉・三

72　　3. 汎用型空間的応用一般均衡モデル（RAEM-Light）の応用事例

図 3.7　観光業の地域別生産量変化

徳山（三朝町）などの観光施設利用者に道路ネットワークを利用した周遊行動を促すことで相乗的な効果が現れることが期待される。また，世界ジオパークに認定された「山陰海岸ジオパーク」についても周遊行動の促進が期待されるため，積極的な集客活動が効果的であると考えられる。

・本分析では，道路整備前後で日帰り・宿泊旅行の割合が変化しないことを

想定している．しかし，道路整備による観光施設へのアクセス時間の短縮は，日帰り観光客の増加を誘発して宿泊客を減少させ，結果的に観光消費額の増加を抑制する可能性もある．そのため，本分析結果のような効果を現実的なものとするためには，現在島根県と連携して取り組んでいる山陰文化観光圏整備においても実施されているように，各温泉地などの宿泊施設を拠点とする周遊型観光の推進を行っていく必要がある．

つぎに，生産量変化4位の金属製品・鉄鋼業についてみると，図3.8に示すように，地区全体の付加価値額に対する金属製品・鉄鋼業のシェアが高い地区は都市部に集中しており，これらの地区ではプラス成長が見込まれる．特に，米子市地区では付加価値額の増加が年額20億円以上見込まれており，他地区と比較して大きな発展が期待される．同様に以下のようにまとめられる．

・鳥取県内の金属製品・鉄鋼業は，道路整備により輸送コストが削減されることから，より大規模な工場が立地する地域への出荷が可能となり，生産を拡大することにより，付加価値額が潜在的に20％増加する可能性を有している．特に，米子市鉄工センターなど多くの金属・鉄鋼系企業が立地する米子市の付加価値額の増加が大きく貢献している．

・例えば，米子市地区の金属製品・鉄鋼業企業は，中小零細企業であることから，地方独立行政法人 鳥取県産業技術センターとの技術連携を深めることにより高付加価値型の産業集積を支援することで道路ネットワークの効果を相乗的に高めることが期待される．また，一部の企業では全国的にも限られた地域でしか生産されていない部品の製造を行っている企業なども立地していることから，道路整備により都市圏・海外への効率的な出荷の支援が期待される．

最後に，生産量変化5位の食料品等製造業についてみると，図3.9に示すように，地区全体の生産規模に対する食料品等製造業のシェアが大きい東伯町地区，および県内で付加価値額の大きい鳥取市地区・米子市地区で高い成長が期待される．

・鳥取県内の食料品等製造業は，道路整備により輸送コストが削減されるこ

74　3. 汎用型空間的応用一般均衡モデル（RAEM-Light）の応用事例

図 3.8　金属製品・鉄鋼業の地域別生産量変化

とから，より大規模な消費地への出荷が可能となり，生産を拡大することにより，付加価値額が潜在的に３％増加する可能性を有している。
・例えば，大山山麓で生産されているハム・ソーセージなどの肉加工品や牛

3.1 地域経済への波及効果の分析

鳥取県の特産品

農業物・水産物の生産活動とのかかわりが強く，例えば，漁業の盛んな境港市では水産加工品，畜産の盛んな大山山麓部ではハム・ソーセージや牛乳・乳製品などが生産されている。また，二十世紀梨（県内全域）やらっきょうの加工品なども有名である。その他，米子市では製菓メーカーなどの進出が進んでいる。

ハム・ソーセージ（琴浦町）
写真：鳥取県HP「とりネット」

水産加工品（境港市）
写真：境港市HP

牛乳・乳製品（琴浦町）
写真：鳥取県HP「とりネット」

らっきょう加工品
写真：鳥取県HP「とりネット」

図3.9　食料品等製造業の地域別生産量変化

乳・乳製品，県内で広く栽培されている二十世紀梨やらっきょうの加工品などについて，道路ネットワークを活用した都市圏・海外市場への出荷を積極的に行うことで相乗的な効果の発現が期待される。特に，地域特産品

の独自性を前面に出した販売活動の促進などが想定される。

以上のように，社会資本整備の地域経済への波及効果の実証例は，特定の地域の特定の産業に着目することで，それらの地域での社会資本整備の役割を明確に示すことが可能である。これらの情報は，前述したように社会資本整備の役割を広く地域住民に示すことが可能であり，また，計画立案者にとっては，国土・地域の経済構造の変化を知ることが可能であろう。さらに，地方自治体にとっては，今後の当該地域の成長戦略を考えるうえで重要な情報を提供することになる。経済が低成長時代に突入したわが国では，前述の最後の特徴は特に重要で，整備された社会資本整備をどのように有効利用するかが，今後の地方経済発展の重要なポイントとなってきている。

ただし，これらの計測事例の紹介は，あくまで社会資本整備の効果をある特定の地域の特定の産業だけを切り出したものにすぎない。当然，社会資本整備の社会的効率性に関する判断は，個別の費用便益分析により行われるべきであろう。RAEM-Lightのような空間的応用一般均衡分析を用いれば，この社会的効率性判断と同時に，地域別産業別の生産量変化という指標を同時に算出することが可能となり，本節で紹介したような社会資本整備の地域経済への貢献を示すことが可能となる。さらに，プロジェクトの是非に関しては，当然，社会的効率性だけの判断によらず，これら帰着便益分析の結果を勘案して，総合的に判断する必要がある。

3.2 道路料金を考慮したモデルの拡張

つぎに，道路料金を考慮したモデルの事例を紹介する。2章で紹介したRAEM-Lightでは，交易モデルを時間費用の関数として定義していた。一方で，道路料金施策などを評価する場合は，この交易モデルを一般化費用の関数として特定化する必要がある。ここで，一般化費用とは，所要時間×時間価値に加えて高速道路料金などの所要費用を加えたものである。一般均衡体系を考える場合は，この所要費用の行先（最終的な料金収入の受取り先）を考えてお

かなくてはならない．本来ならば，高速道路運営会社の収入となり，その会社が資本と労働を投入して高速道路サービスを提供するというモデル化が望ましい．しかし，現実には，これら高速道路運営会社の生産関数の特定化などの困難を要するため，本節で紹介するモデルは，この高速道路運営会社の行動を捨象し，高速道路料金は高速道路運営会社の収入となり，それらはそのまま世帯に均等に分配されると想定している．このようなモデル化により，社会資本整備というハード事業はもとより，料金施策というソフト事業にも適用が可能となる．さらに，本節のモデルでは，RAEM-Light を全国規模に拡張し，全国 207 生活圏での適用を試みた．

3.2.1 モデルの改良点

まず，モデルが対象としている政策は，平成22年度高速道路無料化社会実験であり，平成22年6月28日～平成23年3月末日まで約9か月間，現金利用者を含む全車種を対象に実施されたものである．実験対象区間の延長は，1 652 km に達し，首都高，阪高を除く高速道路（有料）全体供用に対する実験区間は約2割に匹敵する規模である．ここで，無料化社会実験費用として約1 000 億円の予算確保が行われ，各高速道路会社の決算情報によると，平成22年度の実験期間中の料金収入補填額は計 856.4 億円と報告されている．これらの補填にかかる費用は，予算の組み直しあるいは国債として負担されたなどが考えられるが，最終的には国民の負担により調達されたものである．以下，国土交通省が示す実験の趣旨である．

〈**実験の趣旨**〔国土交通省（2010）〕[28)]〉
・高速道路を徹底的に活用し，物流コスト・物価を引き下げ，地域経済を活性化させるため，高速道路を原則無料化する．
・全国の高速道路の約2割の区間で無料化社会実験を行い，地域への経済効果，渋滞や環境への影響について把握する．

このような高速道路無料化や料金割引施策の影響分析に関しては，国土交通省の調査報告書〔国土交通省国土技術政策総合研究所（2008）〕[31)]をはじめ，無

料化に伴う二酸化炭素排出量変化などの検討を行った運輸調査局資料〔財団法人運輸調査局（2010）〕[22]，国土交通省および環境省資料〔国土交通省，環境省（2010）〕[29]など，数多くの分析・報告がなされているが，地域住民の視点に立ち，地域が感じる経済的な効果を対象として，社会実験の趣旨として掲げられている物流コスト・物価の引下げによる地域活性化効果，影響を整理した調査研究などの事例は少ない。また，〔上田（2009）〕[20]の指摘にあるように，料金割引施策（あるいは，無料化社会実験）の便益評価においては，社会的総余剰の変化を考慮する必要があり，高速道路会社の料金収入減少が発生した場合には，マイナスの便益として考慮することが必要である。

　本節では，前述したように〔小池，佐藤，川本（2009）〕[26]において構築された汎用型空間的応用一般均衡分析モデル（RAEM-Light）を用いて，無料化社会実験による物流コストの低下が地域の企業や消費者に波及することによる経済効果（便益額）などを計測するとともに，無料化社会実験による高速道路会社の料金収入減収額が税金から拠出される枠組みを新たにモデル化し，無料化社会実験のコスト支払いを考慮したうえでの経済効果について分析を行った。

　2.2節で示した標準的なRAEM-Lightに対して，以下の改良を加える。

〔1〕 交通抵抗の表現

　標準的なRAEM-Lightでは，地域間の交通抵抗は，所要時間の概念で表現されており，本節では，料金割引施策による影響を評価するためには，有料道路料金部分を含んだ形式で交通抵抗を表現する必要がある。

　そこで，地域間交易の選択確率を再現するロジットモデル式を用いて，地域間交易抵抗の定式化は以下のとおり，地域間の移動にかかる平均的な有料道路料金および所要時間と時間価値（時間換算係数）を用いて，金額ベースで表現する。なお，本モデルでは，地域間交易に関して直接的に経済的な影響が大きいと考えられる有料道路料金と所要時間を対象とし，走行経費の影響を考慮したものとなっていない。

　地域間交易モデルは，Harkerモデルに基づいて，各地域の需要者は消費者価格（c.i.f.価格）が最小となるような生産地の組合せを購入先として選ぶと

する．地域 j に住む需要者が生産地 i を購入先として選択したとし，その誤差項がガンベル分布に従うと仮定すると，その選択確率は，式 (3.1) のロジットモデルで表現できる．

・地域間交易モデル

$$s_{ij}^m = \frac{y_i^m \exp[-\lambda_i^m q_i^m \{1 + \psi^m(c_{ij} + gt_{ij})\}]}{\sum_{k \in I} y_k^m \exp[-\lambda_i^m q_k^m \{1 + \psi^m(c_{kj} + gt_{kj})\}]} \tag{3.1}$$

ただし，s_{ij}^m：財 m について地域 i に住む需要者が生産地 j を購入先として選択する確率，c_{ij}：地域 i, j 間の移動にかかる有料道路料金，t_{ij}：地域 i, j 間の移動にかかる地域間所要時間，g：時間価値（時間換算係数）〔円/分〕…固定値，λ_i^m：ロジットパラメータ，ψ^m：財 1 単位当りの輸送費（$c_{ij} + gt_{ij}$）にかかる比例定数，y_i^m：地域 i の財 m の生産量，q_i^m：地域 i の財 m の生産者価格である．

なお，時間価値に関して，本研究に用いた経済モデルは，車種別に時間価値を取り扱える構造になっていないため，代表的な車種を想定した時間価値を採用する必要がある．また，本モデルでは，物流のみならず，一般の財サービスの購入にかかる買い物行動に与える影響も対象としているため，貨物車のみならず，乗用車類の時間価値も考慮する必要があると考えた．そこで，費用便益分析マニュアル〔国土交通省道路局，都市・地方整備局 (2008)〕[33] に記載された乗用車類・小型貨物車・大型貨物車の時間価値原単位の平均値を算出し，時間価値 52.62 円/分を採用した．

ただし，より詳細な分析を行うには，車種別の運行台数を考慮して，交通量で加重平均した値を採用するほうが望ましいと考えられる．

〔2〕 **料金割引実施によるコスト負担構造のモデル化**

高速道路の料金割引を実施した場合，料金弾性が非常に高いものでない限り，高速道路会社の料金収入が減少することが見込まれる．そのままの状態では，高速道路会社民営化の際に定められた，会社と保有・債務返済機構との間の実施スキームが歪むことになるため，料金割引施策の実施により，高速道路会社の適正な償還計画に支障をきたすことがないように，国が負担金を拠出す

ることが認められている。

具体的には，高速道路利便増進事業のような「貸付料の減額・国への債務の承継」，あるいは「高速道路会社に対する国からの料金収入補填」が実施されることになるが，最終的には国民の負担により拠出される枠組みであると解釈される。そのため，料金割引施策の評価を実施するにあたっては，このような国民による料金割引のコスト負担の影響を考慮する必要がある。

本モデルでは，家計の行動モデルの定式化において，所得制約条件に料金割引実施のコストを国民一人当りの人頭税の形式で控除する方法にて考慮している。人頭税の形式を導入した背景は，その課税方式自体が，消費ベクトルに対する影響が所得税や消費税に比べて小さいため，本分析における便益に対する影響が小さいことから，分析結果の解釈をより単純化するためである。

・**家計の行動モデル**

各地域には家計が存在し，自己の効用が最大になるよう自地域と他地域からの財を消費するとする。このような家計行動が以下のような所得制約下での効用最大化問題として定式化できる。

$$\left. \begin{array}{ll} \max. & U_i(x_i^1, x_i^2, \cdots, x_i^M) = \sum_{m \in \mathbf{M}} \beta_i^m \ln x_i^m \\ \text{s.t.} & \bar{l}_i w_i + r \dfrac{\overline{K}}{T} - \dfrac{TAX}{T} + \dfrac{IT_i}{N_i} = \sum_{m \in \mathbf{M}} p_i^m x_i^m \end{array} \right\} \quad (3.2)$$

ただし，U_i：効用関数，x_i^m：地域 i における財 m の消費水準，β_i^m：消費分配パラメータ $\left(\sum_{m \in \mathbf{M}} \beta_i^m = 1 \right)$，$p_i^m$：地域 i における財 m の消費者価格，$\overline{K}$：資本保有量，$\bar{l}_i$：人口一人当りの労働投入量 $\left(\bar{l}_i = \sum_{m \in \mathbf{M}} L_i^m / N_i \right)$，$T = \sum_{i \in \mathbf{I}} N_i$：地域人口の合計，$IT_i$：地域 i における所得移転額（初期状態の家計の収入と支出の差額 $IT_i = \sum_m L_i^m + \sum_m LK_i^m - CM_i$），$CM_i$：地域 i の家計支出額，TAX：料金割引施策実施によるコスト（モデルから算出される計算値）である。

以上より，消費財の需要関数 x_i^m が得られ，式 (3.3) に示すように，人口当りの消費財の需要関数に，高速道路割引施策実施のコストを人口当りの税負担として転嫁する形になっている。

3.2 道路料金を考慮したモデルの拡張

$$x_i^m = \beta_i^m \frac{1}{p_i^m}\left(\bar{l}_i w_i + r\frac{\overline{K}}{T} - \frac{TAX}{T} + \frac{IT_i}{N_i}\right) \tag{3.3}$$

〔3〕 料金割引施策のコスト算定

前述の家計の行動モデルで記載した，料金割引施策実施によるコスト：TAX は，料金割引施策による高速道路会社の料金収入減収額と想定する。

式 (3.4) のように料金割引前と料金割引後の地域間の有料道路料金部分にかかる交易額の差分により，料金割引によるコスト（料金収入減収額）をモデル内で内生的に算定する枠組みとなっている。

・料金割引施策のコスト算定

$$\begin{aligned}TAX = &\sum_{m\in \mathbf{M}}\sum_{i\in \mathbf{I}}\sum_{j\in \mathbf{J}} p_i^{0m}(1+\psi^m c_{ij}^0)z_{ij}^{0m} \\ &-\sum_{m\in \mathbf{M}}\sum_{i\in \mathbf{I}}\sum_{j\in \mathbf{J}} p_i^{1m}(1+\psi^m c_{ij}^1)z_{ij}^{1m}\end{aligned} \tag{3.4}$$

ただし，z_{ij}^m：地域 i, j 間の財 m の交易量，p_i^m：地域 i における財 m の消費者価格，c_{ij}：地域 i, j 間の移動にかかる有料道路料金，ψ^m：財 1 単位当りの輸送費にかかる比例定数である。

なお，p_i^m, c_{ij} および z_{ij}^m に付随する 0, 1 のサフィックスは，それぞれ，料金割引前と割引後の状態を示している。

〔4〕 市場均衡条件

本モデルでは，以下の市場均衡条件が成立する。

〈労働市場〉

$$\sum_{m\in \mathbf{M}} L_i^m = \overline{L}_i \tag{3.5}$$

〈経常収支均衡〉

$$\sum_{i\in \mathbf{I}}\sum_{m\in \mathbf{M}} rK_i^m = r\overline{K} \tag{3.6}$$

〈財市場（需要）〉

$$N_j x_j^m = \sum_{i\in \mathbf{I}} z_{ij}^m \tag{3.7}$$

地域間交易量 $\left(\sum_{i\in \mathbf{I}} s_{ij}^m(N_j x_j^m) = \sum_{i\in \mathbf{I}} z_{ij}^m\right) \tag{3.8}$

〈財市場（供給）〉

$$y_i^m = \sum_{j\in \mathbf{J}} \{1+\psi^m(c_{ij}+gt_{ij})\}z_{ij}^m \tag{3.9}$$

消費者価格 $\left(p_j^m = \sum_{i\in \mathbf{I}} s_{ij}^m q_i^m\{1+\psi^m(c_{ij}+gt_{ij})\}\right) \tag{3.10}$

3.2.2 モデルの設定条件

〔1〕 対象地域・ゾーニングの設定

本分析が対象とする地域は，日本全国とし，ゾーニングの設定は，図3.10に示すように，全国幹線旅客純流動調査〔国土交通省政策総括官（2007）〕[32]の207生活圏とした。

〔2〕 基準データの設定

基準データとして表3.7に示す総生産量，労働・資本投入量，人口分布，地

図3.10　207生活圏のゾーニング〔国土交通省政策総括官（2007）〕[32]

3.2 道路料金を考慮したモデルの拡張

表 3.7 基準データ

	基準データ	出典
経済データ	総生産	平成 19 年県民経済計算〔内閣府（2010）〕[39]の経済活動別総生産をコントロールトータルとして，適宜，案分指標を用いて産業分類，207 生活圏単位で整理したデータを用いた。 ＜案分指標＞ ・製造業系：平成 19 年工業統計（各都道府県統計課，2009）の製造業業種別の製造品出荷額など ・製造業系以外：平成 18 年事業所・企業統計〔総務省統計局（2008）〕[36]の産業別従業者数
	労働・資本投入量	平成 17 年産業連関表〔総務省（2009）〕[34]の労働・資本比率を上記総生産に乗じて算出した。
	人口分布	平成 17 年国勢調査〔総務省統計局（2006）〕[35]を生活圏単位に集計して利用した。
交通データ	地域間所要時間，地域間有料道路料金	全国を市町村単位にゾーニングし，平成 22 年度のネットワークに基づく分割配分結果を用い，基準時のデータとして地域間の平均的な所要時間，有料道路料金を利用した。
	地域間交易パターン（地域間 OD 交通量）	平成 17 年道路交通センサス〔国土交通省（2006）〕[27]の貨物車 OD データを生活圏単位に集計し，発着の OD パターンを交易パターンとして用いた。

域間所要時間・地域間有料道路料金を用いた．

「経済データ」に関しては，モデルの骨幹となる生活圏単位の産業別総生産データは，公表されている統計データとしては存在しない．そこで，平成 19 年度県民経済計算〔内閣府（2010）〕[39]をコントロールトータルとして，都道府県単位の産業別総生産データを生活圏単位に案分するための指標を用いて，207 生活圏単位の産業別総生産データを作成した．

その際，案分指標として，製造業系の産業分類に関しては，各都道府県から公表されている工業統計をもとに，市町村別の製造業業種別製造品出荷額などを生活圏単位に集計し，また，製造業以外の産業分類に関しては，平成 18 年事業所・企業統計調査〔総務省（2008）〕[36]の産業別従業者数を生活圏単位に集計し，それぞれ案分指標として活用している．

また，労働と資本の投入比率の算出に関しては，平成 17 年産業連関表〔総務省（2009）〕[34]の粗付加価値部門の構成内容をもとに，労働（家計外消費支

出，雇用者所得），資本（営業余剰，資本減耗引当，間接税，経常補助金）に集約し按分に用いた．

「交通データ」に関しては，料金割引前の状況における地域間所要時間および地域間有料道路料金については，全国を市町村単位にゾーニングした交通量配分の計算結果より，生活圏単位の地域間の平均的な所要時間，有料道路料金を算出した結果を用いた．なお，地域間の所要時間および有料道路料金の算出にあたっては，有料道路を利用するODだけに限らず，一般道のみを利用して移動する（有料道路料金はゼロとなる）ODも対象として，配分時の交通量で加重平均した平均的な数値を用いている．

本研究で用いる経済モデルの企業の生産関数の分配パラメータおよび効率パラメータ，家計の財消費の需要関数における分配パラメータについては，基準均衡データをもとにキャリブレーションにより決定した．

なお，産業分類は，**表**3.8に示す7産業とした．

表3.8　産業分類

Ind1	農林水産業
Ind2	基礎素材型製造業
Ind3	加工組立型製造業
Ind4	生活関連型・その他製造業
Ind5	その他第二次産業
Ind6	小売・対個人サービス業
Ind7	その他サービス業

また，地域間交易モデルにおけるパラメータについては，グリッドサーチにより全国統一のパラメータとして推定した．なお，パラメータ推定にあたり用いた流動データは，平成17年道路交通センサス〔国土交通省（2006）〕[27)]OD交通量データ（貨物車）を用いた．グリッドサーチ手法により推定した結果を**表**3.9に示す．

なお，「その他第二次産業」については，建設業を主体とする産業分類を担っているため，産業連関表に基づく定義より，地域間交易はないと仮定し

3.2 道路料金を考慮したモデルの拡張

表3.9 パラメータ推定結果

	Ind1	Ind2	Ind3	Ind4
	農林水産業	基礎素材型製造業	加工組立型製造業	生活関連型・その他製造業
λ	7.62	9.30	11.65	10.25
ψ	0.121	0.159	0.134	0.129
被説明変数 s_{ij}	207生活圏の貨物車OD　※平成17年道路交通センサス			
相関係数	0.907	0.876	0.871	0.891
決定係数	0.823	0.767	0.759	0.794

注：相関係数，決定係数は，被説明変数として用いた貨物車ODの交易パターンと，地域間交易モデルで推計した交易係数の関係を示したものである。

た。また，第三次産業系の「小売・対個人サービス業」，「その他サービス業」については，交易の具体的な統計データの制約から，本研究では，地域内交易のみと仮定し，地域間交易は行わないと設定した。

〔3〕 現況再現性の確認

モデルで推計された総生産の数値と，基準データとして用いた総生産の数値を比較し，現況再現性の確認を行った。その結果は**表3.10**に示すとおりである。おおむねどの産業も十分な再現性が得られている。

表3.10 現況再現性の状況

	産業分類	相関係数	決定係数
Ind1	農林水産業	0.9951	0.9902
Ind2	基礎素材型製造業	0.9958	0.9917
Ind3	加工組立型製造業	0.9993	0.9985
Ind4	生活関連型・その他製造業	0.9962	0.9924
Ind5	その他第二次産業	0.9994	0.9989
Ind6	小売・対個人サービス業	0.9998	0.9996
Ind7	その他サービス業	0.9998	0.9997

〔4〕 政策変数の設定

本分析で用いる経済モデルでは，前述の定式化のとおり，地域間所要時間と地域間有料道路料金の両方を取り扱い，一般化費用という形で交通抵抗を定義しているが，シミュレーションにおいては，無料化社会実験の影響として，地

域間の有料道路料金のみに限定したものとなっている。すなわち，無料化社会実験によって地域間の所要時間には変化がないと仮定している。本来ならば，無料化社会実験により利用者の経路が変更され，道路混雑に影響を与え，所要時間が変化するが，本分析ではその部分は捨象している。なお，この部分は交通量配分を別途計算すれば容易に分析が可能となる。以下に，本分析における無料化社会実験による地域間有料道路料金の設定方法を示す。なお，実際の平成22年度無料化社会実験の対象区間は図3.11に示すとおりであり，設定における具体的な計算方法の詳細は図3.12に示すとおりである。

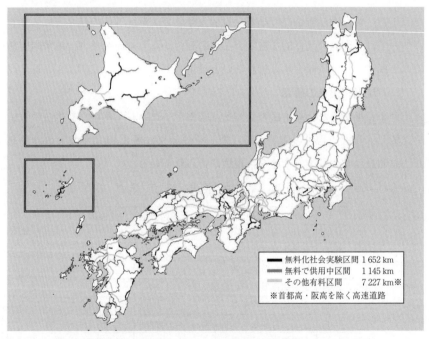

図3.11 平成22年度無料化社会実験対象区間〔国土交通省（2010）〕[28]

〈設定における前提条件〉
① 無料化実験区間と生活圏の位置を照らし合わせ，無料化社会実験による影響は，無料化実験区間がある生活圏および無料化実験区間の延長線上に位置する生活圏間に限るものとする。

3.2 道路料金を考慮したモデルの拡張

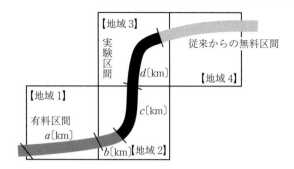

〈無料化前の料金表〉

発＼着	1	2	3	4
1	A	B	C	D
2		E	F	G
3			H	I
4				0

0：ゼロを示す。

〈無料化後の料金表〉

発＼着	1	2	3	4
1	A	B'	C'	D'
2		E'	F'	G'
3			0	0
4				0

0：ゼロを示す。

〈路線区間距離に応じた無料化前後の料金設定算定式〉

$$B' = B \times \frac{a+b}{a+b+c} \qquad C' = C \times \frac{a+b}{a+b+c+d}$$

$$D' = D \times \frac{a+b}{a+b+c+d} \qquad E' = E \times \frac{b}{b+c}$$

$$F' = F \times \frac{b}{b+c+d} \qquad G' = G \times \frac{b}{b+c+d}$$

図 3.12 無料化社会実験による地域間有料道路料金変化の設定方法の概念図

② 生活圏をまたぐように無料化実験区間が設定されている地域間 OD の料金は無料とする。

③ 無料化路線と有料路線の両方を利用する地域間 OD の料金は，セントロイド間の無料化実験区間と有料区間の距離で料金を案分することにより設定する。

④ 地域内のすべてが無料化実験区間となっている生活圏の内々の料金は無料とする。

88   3. 汎用型空間的応用一般均衡モデル（RAEM-Light）の応用事例

3.2.3 分析結果と政策的含意

本研究にて構築した経済モデルでは，無料化社会実験実施による料金収入減収額を内生的に決定し，料金収入減収額は国民に対する税金から拠出する枠組みを提示している．シミュレーションにおいては，構築したモデルの特徴を生かして，以下に示す二つのパターンのシミュレーションを行い，無料化社会実験による経済効果の帰着状況の違いについて考察を行った．

ケース1：無料化社会実験の費用を家計の所得に転嫁させないケース
ケース2：無料化社会実験の費用を家計の所得に人頭税として転嫁させるケース

---

〔1〕 ケース1のシミュレーション結果

本項では，無料化社会実験の費用を家計の所得に転嫁させない，ケース1の

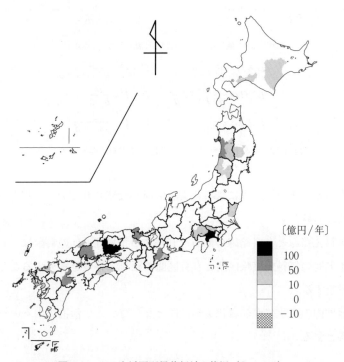

図3.13　207生活圏別帰着便益の状況（ケース1）

結果を示す.便益は全国合計で約 1200 億円/年と推計された.平成 17 年国勢調査人口をもとに,人口一人当りの便益額で評価すると,約 940 円/(人・年) となる.

以下に 207 生活圏別に便益の帰着状況を地図上に塗り分けた結果を**図 3.13** に示す.これをみると,神奈川県や岡山県の生活圏における便益がきわめて高くなっているほか,無料化区間の沿線近くの生活圏で便益が発現している状況を確認できる.

つぎに,人口一人当りの便益について,地図上に塗り分けた結果を**図 3.14** に示す.これをみると,秋田県の秋田臨海,雄物川流域,神奈川県の小田原,三重県の中南勢,伊勢志摩,京都府の北部,島根県の益田など地方部において,10 000 円/人以上の大きな効果が帰着しており,その他の都道府県においても,地方部において効果が顕在化している状況が確認できる.

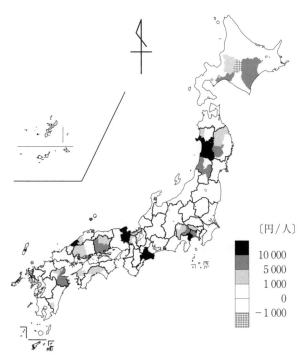

図 3.14 207 生活圏別人口一人当り帰着便益の状況(ケース 1)

ただし,北海道の富良野においては,人口一人当り便益が比較的大きな帯広,岩見沢,苫小牧に挟まれる形でマイナスに転じている。

〔2〕 ケース2のシミュレーション結果

本項では,無料化社会実験の費用を家計の所得に人頭税として転嫁させる,ケース2の結果を示す。便益は全国合計で約440億円/年と推計された。平成17年国勢調査人口をもとに,人口一人当りの便益額で評価すると,約346円/(人・年)となる。

207生活圏別に便益の帰着状況を地図上に塗り分けた結果を図3.15に示す。これをみると,ケース1と同様に神奈川県や岡山県の生活圏における便益がきわめて高くなっているが,無料化社会実験のコスト負担を人頭税の形式で考慮しているため,北海道の札幌,首都圏の生活圏,愛知県,大阪府など,大都市圏においてはマイナスの便益が目立つ形となっている。そのほかにも,ケース

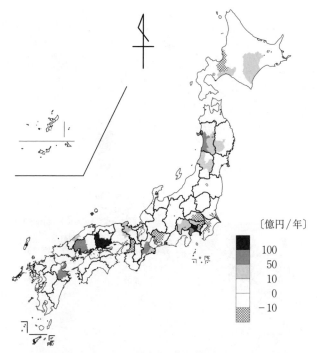

図3.15 207生活圏別帰着便益の状況(ケース2)

1ではプラスになっていた地方部においても，プラスの効果が明確に現れない生活圏も存在する．

つぎに，ケース2について，人口一人当りの便益について，地図上に塗り分けた結果を図3.16に示す．

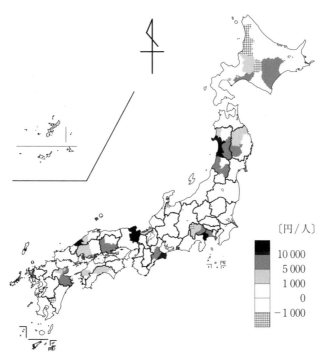

図3.16 207生活圏別人口一人当り帰着便益の
状況（ケース2）

人口一人当りにすると，大都市圏におけるマイナスの便益はあまり目立たない状況になっているが，北海道の留萌，富良野，山梨県の峡北，富山県の高岡，宮崎県の小林・西諸県など，無料化区間沿線ではない地方部の生活圏においてマイナスの影響を被っている．

RAEM-Light を用いて，無料化社会実験による経済効果の帰着状況についてシミュレーションを行った結果，無料化実験区間を含む地方部においてプラスの便益が帰着する傾向にあり，無料化実験区間の沿線ではない地方部の周辺地

域では，マイナスの影響を被る可能性があることが示された．ケース1とケース2の帰着便益の違いにみられるように，無料化社会実験に伴う費用負担を考慮した場合には，大都市圏での費用負担増によって，地方部では便益を享受する構造になっていることが確認できる．図 3.17 に整理したように，生活圏を地方整備局ブロック別に集約した結果をみても，今回の無料化社会実験において，関東，中部，近畿などが，東北，中国などの便益を下支えしている状況がわかる．

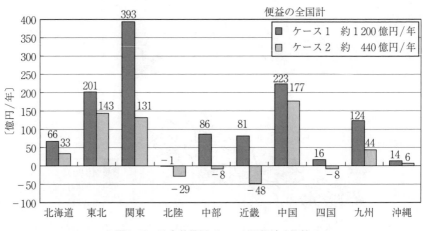

図 3.17　地方整備局ブロック別便益の比較

今回のシミュレーションにおいて，経済モデルから計算される無料化社会実験による費用は，約 760 億円/年と計算され，国民の人口一人当りでとらえると，約 600 円/(人・年)の負担額に相当する．一方で，平成 22 年度の無料化社会実験による予算額は約 9 か月間で 1 000 億円，12 か月換算の単純計算では，約 1 300 億円の規模に達すると見込まれる．なお，本分析では，無料化社会実験による地域間有料道路料金の変化は，無料化路線沿線の周辺地域のみに限定して現れると設定しているため，便益額などの絶対額の大きさを把握するうえでは，やや過小となっている可能性があることに留意する必要がある．しかしながら，平成 22 年度無料化社会実験は，国民一人当り約 780 円/人（予算額

約1000億円÷人口総数）の費用負担によって，大都市圏（関東・中部・近畿ブロックなど）から地方部（東北・中国ブロックなど）への所得移転施策の役割を担っていると考えられる．ただし，無料化実験区間の沿線ではない地方部では，無料化社会実験によって大きなマイナスの影響を被る可能性があることから，これらに対してなんらかの対策・措置を別途行っていく必要があると考えられる．

本分析にて構築した経済モデルでは，無料化社会実験実施による料金収入減収額を内生的に決定する本研究では，空間的応用一般均衡分析モデルの一つであるRAEM-Lightを用いて，高速道路無料化社会実験の経済効果についてシミュレーションを実施した．

経済均衡モデルの結果は，高速道路の無料化が浸透した長期均衡状態を想定したものと解釈できるが，実際の企業活動においては，期間限定的な社会実験ではただちに輸送ルートや取引先を変更することが困難な状況も想定される．そのため，今回の経済均衡モデルのシミュレーション結果と，即時的な現象面の事象変化の傾向が完全に同調しない可能性がある．

また，政策変数の設定方法の制約から，便益額などの絶対値に関してはやや過小評価となっている可能性があることにも留意する必要がある．しかしながら，無料化社会実験による地域別帰着便益の分布傾向や，社会実験の費用負担を考慮することによる便益を享受する地域分布の違いなどから，有用な情報を得ることができた．本分析で構築した経済均衡モデルは，高速道路料金割引施策の経済的な影響について，多様なケース設定のもとで，事前にシミュレートすることが可能となり，さまざまな料金割引施策による効果の大きさ・影響の質，影響の範囲，割引施策と同時に対応すべきマイナスを被る地域への対策・措置の必要性などを検討するうえで，有益な情報を与えるツールになると考えられる．

3.3 港湾整備を考慮したモデルの拡張

社会資本整備は道路整備に限ったものではなく，それ以外にも，交通整備として，鉄道・空港・港湾整備などがある．また，堤防などの防災施設や上下水道施設などさまざまな社会資本整備がある．空間的応用一般均衡モデルにおいても，その成り立ちから，税制など料金施策の分析を得意としているが，モデリングを工夫することによりさまざまな社会資本整備の評価が可能となる．このように，同一のモデルで種類の違うさまざまな政策を評価する意味は，さまざまな政策間での効果の違いを同一のフレームで分析可能とすることに加えて，複数の事業を同時に行うことの相乗的効果を計測することが可能であることである．本節では，道路整備に加え，港湾施設を整備した場合の評価をRAEM-Light で行った事例を紹介する．ただし，港湾施設を整備した場合の効果は多岐にわたり，また，その効果がどのようなメカニズムで発生するかに関して容易にモデル化できるとはいいにくい．そこで，本節でのモデルでは，対象地域内の港湾施設が整備され，その港湾施設を利用する物流の取引価格が低下することを前提としている．さらに，対象地域外から・対象地域外への物流（対象地域外への移入・対象地域外への移出・輸入・輸出）への影響は，それらの需要関数を推定して，その影響をモデルに加える必要があるが，ここでは，それらに必要なデータが入手困難なことから，対象地域外から・対象地域外への物流の需要は変化しないと考えている．そのため，実証分析として，十分に港湾施設の整備効果を反映しているわけではないことに注意が必要である．ただし，これらのデータが入手可能であれば，移入・移出・輸入・輸出に関する需要関数を設定すれば容易にモデル化が可能である．

3.3.1 モデルの改良点（既存モデルに付加する構造）

ここでは，既存の道路整備を対象とした RAEM-Light に対して，港湾整備による効果把握が可能となるよう付加したモデル構造の説明を行う．港湾整備を

3.3 港湾整備を考慮したモデルの拡張

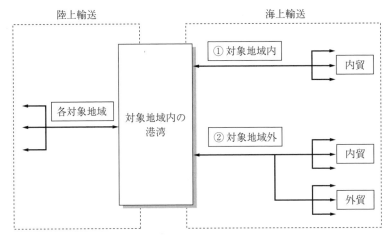

図 3.18 構築した港湾モデルの構造イメージ

考慮したモデルでは，港湾取引を**図 3.18**で示すように，海上輸送を「① 対象地域内」および「② 対象地域外」の二つの取引に分けて構築する．ここで，内貿とは移入・移出を意味し，外貿とは輸入・輸出を意味している．

構築する港湾モデルは，**図 3.19**のフローに従って港湾整備の効果を計測する構造となっている．つまり，港湾整備により物流コストが削減されると各取引財の価格にその影響が転嫁され，結果的に生産能力の変化に影響を及ぼすことを前提としている．このようなフローは港湾取扱業者が経済合理的に活動を行っていることを前提として構築している．

以下に，① 対象地域内，② 対象地域外別にモデル構造の詳細を示す．

① 対象地域内（内貿）におけるモデル構造

対象地域内（内貿）におけるモデル構造は，**図 3.20**のとおりとする．港湾が立地する地区（図における広島地区・大阪地区）については，港湾立地地区間の交通コストの変化による取引先（海上輸送取引）のシフトを考慮できるようモデル構築を行う．なお，本モデルでは陸上交通と海上交通のモード間の取引シェアは外生的に与えるものとし，変化しないことを前提としている．

以下に具体的な定式化を示す．港湾が立地する地区については，財 m の地域 i から地域 j への交通コスト c_{ij}^m を海上輸送コスト ρ_{ij} と陸上輸送コスト ψ^m

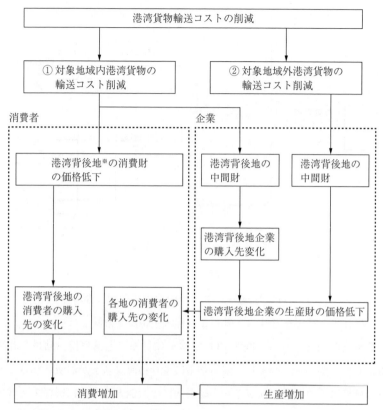

図 3.19 港湾貨物輸送のコスト削減効果の計測フロー

に分けて式 (3.11) のように定義する．海上輸送コストについては，〔国土交通省港湾局 (2004)：『港湾整備事業の費用対効果分析マニュアル』〕[30)] により算出する．一方，陸上輸送コスト ψ^m については，従来の RAEM-Light モデルと同様に既存の交通 OD データを用いたグリッドサーチ法により算出を行う．なお，海上輸送シェア τ_{ij}^m については，物流センサスの品目別輸送量を用いて財別に与えるものとする．

$$c_{ij}^m = \tau_{ij}^m(1+\rho_{ij}) + (1-\tau_{ij}^m)(1+\psi^m t_{ij}) \tag{3.11}$$

c_{ij}^m：財 m の地域 i から地域 j への交通コスト

3.3 港湾整備を考慮したモデルの拡張

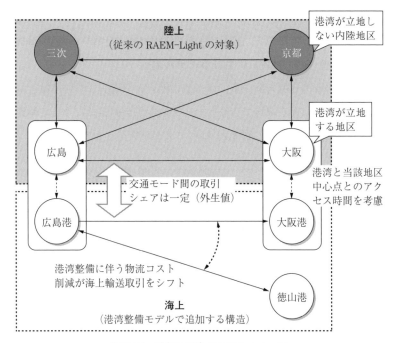

図 3.20 対象地域内のモデルイメージ

t_{ij}：地域 i から地域 j への陸上輸送による地域間所要時間〔時〕

ψ_j^m：財 m 地域 j の 1 時間当り交通コスト

ρ_{ij}：地域 i から地域 j への海上輸送コスト

　　※港湾が立地する地区のみ算定

τ_{ij}^m：海上輸送シェア

（海上輸送コスト）

$$\rho_{ij} = \frac{k_{ij}^m}{\mu z_{ij}^m} \tag{3.12}$$

k_{ij}^m：財 m の地域 i の港湾から地域 j の港湾への港湾貨物輸送金額〔円〕

μ：1 トン当り単価〔円／トン〕

z_{ij}^m：財 m の地域 i から地域 j への地域間交易量〔トン〕

以上の構造では，三次地区や京都地区のように内陸に位置し自地区に港湾を所有しない地区は海上輸送を明示的に考慮していないことになる．しかし，三次

地区を例にとると，三次地区と広島地区の陸上流動のなかには，すでに海上輸送分も考慮されていることから，流動上はモデル内で考慮されていることになる．

② 対象地域外（内・外貿）におけるモデル構造

対象地域外の港湾（例えば，京浜港や釜山港）との取引については，対象地域外の港湾関連データが取得できないため，取引先を固定したうえで輸送コスト縮減による効果を算出する図 3.21 に示すような構造としている．

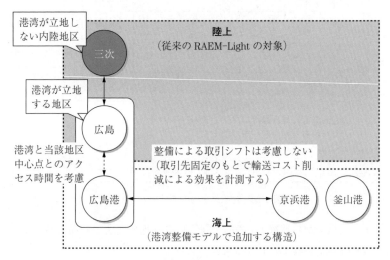

図 3.21 対象地域外のモデルイメージ

対象地域外の港湾への移輸出に伴う海上輸送コストはすべて発地（生産者）側の港湾の地域が負担するものとし，以下のように財の取引コストに対して，海上輸送コストをマークアップし表現する．なお，海上輸送コストは〔国土交通省港湾局（2004）：『港湾整備事業の費用対効果分析マニュアル』〕[30]を参考に設定を行う．

$$cv_i^m(w_i, r) + M_i^m = C_i^m(w_i, r) + M_i^m$$

$$= \frac{w_i^{\alpha_i^m} r^{1-\alpha_i^m}}{A_i^m \alpha_i^{m \alpha_i^m}(1-\alpha_i^m)^{1-\alpha_i^m}} + \frac{\sum_{k \in I}(k_{ki}')}{v_i^m}$$

$$= (1 + \gamma_i^m) C_i^m \tag{3.13}$$

$$k_{ki}' = K_k s_{ki}^{\text{kowan}} \tag{3.14}$$

k_{ki}'：地域 i が負担する対象地域外の財の港湾 k の海上輸送コスト

K_k：対象地域外の財の港湾 k の海上輸送コスト

s_{ki}^{kowan}：対象地域外の財の地域 i から港湾 k への陸上輸送シェア

(陸上輸送コスト)

$$s_{ki}^{\text{kowan}} = \frac{\sum_m p_{\text{kowan}}^m z_{ki}^{\text{kowan}\,m}}{\sum_i \sum_m p_{\text{kowan}}^m z_{ki}^{\text{kowan}\,m}} \tag{3.15}$$

$z_{ki}^{\text{kowan}\,m}$：対象地域外の財 m の地域 i から港湾 k への陸上輸送トン数

p_{kowan}^m：財 m の1トン当り価格

w_i：賃金率

r：資本レント

α_i^m：分配パラメータ

A_i^m：効率パラメータ

v_i^m：付加価値額

cv_i^m：地域 i 財 m の1単位生産当りの付加価値

M_i^m：財1単位当りに含まれる港湾取扱貨物輸送コスト

C_i^m：限界費用

γ_i^m：マークアップ率

3.3.2 道路整備・港湾整備を考慮した RAEM-Light の全体構造

以上を踏まえ，道路整備および港湾整備の両社会資本整備の効果を計測可能な RAEM-Light を図 3.22 に示すように構築した。

なお，社会経済に対して従来どおり以下の前提条件を設定する。

- 多地域多産業で構成された経済を想定する。
- 財生産企業は，家計から提供される生産要素（資本・労働），他の財生産企業が生産した生産物を投入して，新たな生産財を生産する。
- 家計は企業に生産要素（資本・労働）を提供して所得を受け取る。そして，その所得をもとに財消費を行う。

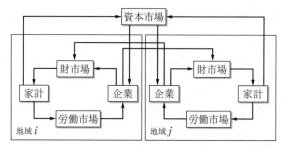

図 3.22 モデル構造

・交通抵抗を Iceberg 型で考慮する。

・労働市場は地域で閉じているものの，資本市場は全地域に開放されているものとする。

モデル式内のサフィックスは以下のとおりとする。

　　　地域を表すサフィックス：$\mathbf{I} \in \{1, 2, \cdots, i, \cdots, I\}$

　　　財を表すサフィックス：$\mathbf{M} \in \{1, 2, \cdots, m, \cdots, M\}$

〔1〕 企業行動モデル

各地域には生産財ごとに一つの企業が存在することを想定し，地域 i において財 m を生産する企業の生産関数をレオンチェフ型で仮定すると式 (3.16) のようになる。

$$Y_i^m = \min.\left\{\frac{v_i^m}{a_i^{0m}}, \frac{x_i^{lm}}{a_i^{lm}}, \cdots, \frac{x_i^{nm}}{a_i^{nm}}, \cdots, \frac{x_i^{Nm}}{a_i^{Nm}}\right\} \tag{3.16}$$

ただし，Y_i^m：地区 i 財 m の生産量，v_i^m：地区 i 財 m の付加価値，x_i^{nm}：地区 i の産業 n から産業 m への中間投入，a_i^{nm}：地区 i の産業 n から産業 m への投入係数，a_i^{0m}：地区 i 財 m の付加価値比率である。

さらに，付加価値関数をコブダグラス型で仮定すると式 (3.17) のようになる。

$$v_i^m = A_i^m (L_i^m)^{a_i^m} (K_i^m)^{1-a_i^m} \tag{3.17}$$

ただし，L_i^m：地区 i 財 m の労働投入，K_i^m：地区 i 財 m の資本投入，a_i^m：分配パラメータ，A_i^m：効率パラメータである。

付加価値生産に関する最適化問題は，式 (3.18) のように費用最小化行動と

なる．

$$\begin{aligned}&\min. \quad w_i L_i^m + r K_i^m \\ &\text{s.t.} \quad v_i^m = A_i^m (L_i^m)^{\alpha_i^m}(K_i^m)^{1-\alpha_i^m}\end{aligned} \Bigg\} \quad (3.18)$$

ただし，w_i：地域 i の賃金率，r：資本レントである．

上式より，生産要素需要関数 L_i^m，K_i^m と生産者価格 q_i^m が超過利潤ゼロの条件から平均費用として得られる．

$$L_i^m = \frac{\alpha_i^m}{w_i} a_{oi}^m q_i^m Y_i^m \quad (3.19)$$

$$K_i^m = \frac{1-\alpha_i^m}{r} a_{0i}^m q_i^m Y_i^m \quad (3.20)$$

$$q_i^m(w_i, r) = C_i^m(w_i, r) = \frac{w_i^{\alpha_i^m} r^{1-\alpha_i^m}}{A_i^m \alpha_i^{m^{\alpha_i^m}}(1-\alpha_i^m)^{1-\alpha_i^m}} \quad (3.21)$$

ただし，w_i：賃金率，r：資本レント，a_i^m：分配パラメータ，A_i^m：効率パラメータ，v_i^m：付加価値額，cv_i^m：地区 i 財 m の1単位生産当りの付加価値，M_i^m：財1単位当りに含まれる港湾取扱貨物輸送コスト，C_i^m：限界費用，γ_i^m：マークアップ率である．

なお，港湾が立地する地区については，生産者価格に対して，対象地域外との港湾取引にかかわる海上輸送コストを以下のようにマークアップする．

$$\begin{aligned}cv_i^m(w_i, r) + M_i^m &= C_i^m(w_i, r) + M_i^m \\ &= \frac{w_i^{\alpha_i^m} r^{1-\alpha_i^m}}{A_i^m \alpha_i^{m^{\alpha_i^m}}(1-\alpha_i^m)^{1-\alpha_i^m}} + \frac{\sum_{k \in I}(k_{ki}')}{v_i^m} \\ &= (1+\gamma_i^m)C_i^m \end{aligned} \quad (3.22)$$

$$k_{ki}' = K_k s_{ki}^{\text{kowan}} \quad (3.23)$$

ただし，k_{ki}'：地区 i が負担する対象地域外の財の港湾 k の海上輸送コスト，K_k：対象地域外の財の港湾 k の海上輸送コスト，s_{ki}^{kowan}：対象地域外の財の地区 i から港湾 k への陸上輸送シェアである．

なお，対象地域外の財の地区 i から港湾 k への陸上輸送シェア s_{ki}^{kowan} は式 (3.24) で示すように取引財の価値によるシェアで定式化する．

$$s_{ki}^{\text{kowan}} = \frac{\sum_m p_{\text{kowan}}^m z_{ki}^{\text{kowan}\,m}}{\sum_i \sum_m p_{\text{kowan}}^m z_{ki}^{\text{kowan}\,m}} \quad (3.24)$$

ただし，$z_{ki}^{\text{kowan}\,m}$：対象地域外の財 m の地区 i から港湾 k への陸上輸送トン数，p_{kowan}^m：財 m の1トン当り価格である。

〔2〕 家計行動モデル

各地域には家計が存在し，自己の効用が最大になるよう自地域と他地域からの財を消費するとする。このような家計行動が以下のような所得制約下での効用最大化問題として定式化できる。

$$\left.\begin{array}{l}\max. \quad U_i(d_i^1, d_i^2, \cdots, d_i^M) = \sum_{m \in \mathbf{M}} \beta^m \ln d_i^m \\ \text{s.t.} \quad \bar{l}_i w_i + r\dfrac{\overline{K}}{T} = \sum_{m \in \mathbf{M}} p_i^m d_i^m\end{array}\right\} \quad (3.25)$$

ただし，U_i：地区 i の効用関数，d_i^m：地区 i 財 m の消費水準，p_i^m：地区 i 財 m の消費者価格，β^m：財 m の消費の分配パラメータ $\left(\sum_{m \in \mathbf{M}} \beta^m = 1\right)$，$\overline{K}$：資本保有量，$\bar{l}_i$：一人当りの労働投入量 $\left(\bar{l}_i = \sum_{m \in \mathbf{M}} L_i^m / N_i\right)$ である。

式 (3.25) より，消費財の最終需要関数 d_i^m が得られる。

$$d_i^m = \beta_i^m \frac{1}{p_i^m}\left(\bar{l}_i w_i + r\frac{\overline{K}}{T}\right) \quad (3.26)$$

〔3〕 地域間交易モデル

Harker モデルに基づいて，各地域の需要者は消費者価格（c.i.f. 価格）が最小となるような生産地の組合せを購入先として選ぶとする。地域 j に住む需要者が生産地 i を購入先として選択したとし，その誤差項がガンベル分布に従うと仮定すると，その選択確率は，式 (3.27) のロジットモデルで表現できる。

$$s_{ij}^m = \frac{Y_i^m \exp[-\lambda^m q_i^m C_{ij}^m]}{\sum_{k \in \mathbf{I}} Y_k^m \exp[-\lambda^m q_k^m C_{kj}^m]} \quad (3.27)$$

ただし，c_{ij}^m：財 m の地域 i から地域 j への財の生産地価格に対して付加される交通コスト割合，λ^m：ロジットパラメータである。

なお，生産地価格に対して付加される交通コスト割合 c_{ij}^m は，海上輸送コストと陸上輸送コストを用い，式 (3.28) により算出する。

3.3 港湾整備を考慮したモデルの拡張

$$c_{ij}^m = \tau_{ij}^m(1+\rho_{ij}) + (1-\tau_{ij}^m)(1+\psi^m t_{ij}) \tag{3.28}$$

ただし，t_{ij}：地域 i から地域 j への陸上輸送による地域間所要時間，ψ^m：財 m の地域 j における1時間当りの時間価値（陸上輸送），ρ_{ij}：地域 i から地域 j への海上輸送による交通コスト（港湾を要する地区のみ設定），τ_{ij}^m：総輸送量に占める海上輸送シェアである．

海上輸送による交通コストは，交易額1単位当りの交通コストであり，式(3.29)により算定するものとする．

$$\rho_{ij} = \frac{k_{ij}^m}{\mu z_{ij}^m} \tag{3.29}$$

ただし，k_{ij}^m：財 m の地域 i の港湾から地域 j の港湾への港湾貨物輸送コスト，μ：1トン当り単価，z_{ij}^m：財 m の地域 i から地域 j への地域間交易量である．

また，消費者価格は式(3.30)を満たしている．

$$p_j^m = \sum_{i \in \mathbf{I}} s_{ij}^m q_i^m C_{ij} \tag{3.30}$$

ただし，q_i^m：地域 i 財 m の生産者価格である．

〔4〕 市場均衡条件

本モデルでは，以下の市場均衡条件が成立する．

〈労働市場〉

$$\sum_{m \in \mathbf{M}} L_i^m = \overline{L}_i \tag{3.31}$$

〈財市場（需要）〉

$$\begin{bmatrix} 1-a_i^{11} & \cdots & 0-a_i^{1N} \\ \vdots & \ddots & \vdots \\ 0-a_i^{m1} & \cdots & 1-a_i^{MN} \end{bmatrix}^{-1} \begin{bmatrix} N_i d_i^1 \\ \vdots \\ N_i d_i^m \\ \vdots \\ N_i d_i^M \end{bmatrix} = \begin{bmatrix} X_i^1 \\ \vdots \\ X_i^m \\ \vdots \\ X_i^M \end{bmatrix} \tag{3.32}$$

$$z_{ij}^m = X_j^m s_{ij}^m \tag{3.33}$$

〈財市場（供給）〉

$$Y_i^m = \sum_{j \in \mathbf{J}} C_{ij}^m z_{ij}^m \tag{3.34}$$

〈生産者価格体系〉

$$q_j^n = a_{0i}^n cv_j^n + \sum_{m \in M} a_j^{mn} \sum_{i \in I} s_{ij}^n q_i^n C_{ij} \tag{3.35}$$

ただし，z_{ij}^m：財 m の地域 i から地域 j への交易量，X_j^m：地域 i 財 m の消費量，a_j^{mn}：地域 j の産業 m から産業 n への投入係数である．

3.3.3 実 証 分 析

〔1〕 対象地域および対象事業

対象地域は図 3.23 のとおりとし，ゾーニングは平成 18 年時点の市町村境界をもとに行った．

〔2〕 対 象 事 業

対象事業は，図 3.24，表 3.11 で示す道路事業および港湾事業とする．港湾事業については，各港湾の事業評価資料内に記載されている事業（防波堤整備，多目的国際ターミナル整備，航路整備，泊地整備）をそれぞれ対象とした．

〔3〕 産 業 分 類

産業分類は，表 3.12 のとおり 26 分類とする．

〔4〕 パラメータの設定・現況再現性

以上の条件のもとで，収集・整理した社会経済データをインプットしモデルの現況再現性を図 3.25 〜図 3.32 に示すように確認した．

表 3.13 に，現況再現性結果の一覧を示す．比較的規模の小さい農林業や鉱業などは相関係数が若干低いものの，全体的に再現性は確保されているといえる．

3.3 港湾整備を考慮したモデルの拡張　　105

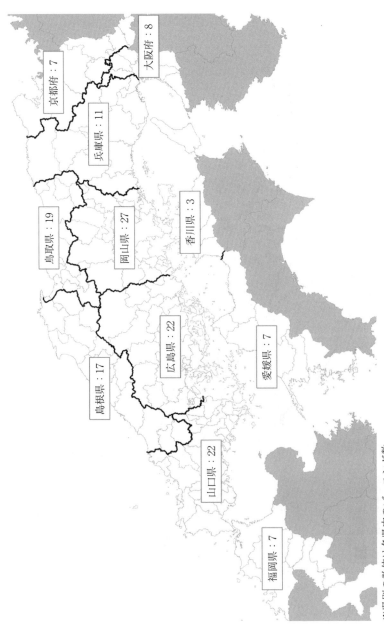

図 3.23　対象地域およびゾーニング

※県別の数値は各県内のゾーニング数

106   3. 汎用型空間的応用一般均衡モデル（RAEM-Light）の応用事例

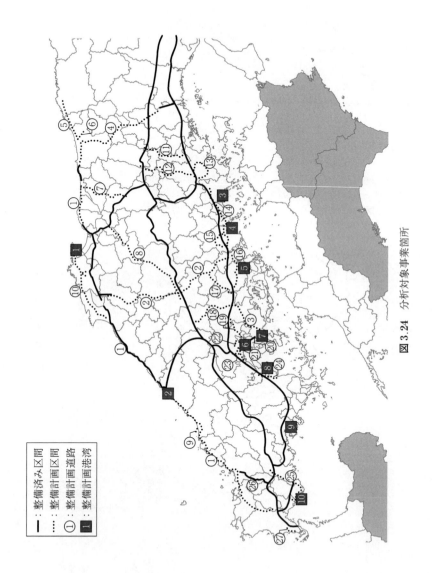

図 3.24　分析対象事業箇所

3.3 港湾整備を考慮したモデルの拡張　　107

表 3.11　分析対象事業一覧

道路事業 (○内の番号と対応)				港湾事業 (■内の番号と対応)	
1	山陰道	14	倉敷福山道路	1	境港
2	中国横断自動車道 尾道松江線	15	福山環状道路	2	浜田港
		16	福山本郷道路	3	水島港
3	東広島・呉自動車道	17	広島中央フライトロード	4	福山港
4	中国横断自動車道 姫路鳥取線	18	東広島高田道路	5	尾道糸崎港
		19	東広島廿日市道路	6	広島港
5	鳥取豊岡宮津自動車道	20	広島呉道路	7	呉港
6	鳥取環状道路	21	広島西道路	8	徳山下松港
7	北条湯原道路	22	広島高速道路	9	岩国港
8	江府三次道路	23	草津沼田道路	10	宇部港
9	石見空港道路	24	岩国大竹道路		
10	境港出雲道路	25	山口宇部小野田連絡道路		
11	美作岡山道路	26	小郡萩道路		
12	空港津山道路	27	下関西道路		
13	岡山環状道路				

表 3.12　対象事業

no	産業名	no	産業名
1	農林業	14	鉄鋼業
2	漁業	15	非鉄金属製造業
3	鉱業・採石業・砂利採取業	16	金属製品製造業
4	建設業	17	一般機械器具製造業
5	食料品製造業	18	電子部品・デバイス・電子回路製造業
6	飲料・たばこ・飼料製造業	19	電気機械器具製造業
7	繊維工業	20	情報通信機械器具製造業
8	パルプ・紙・紙加工品製造業	21	輸送用機械器具製造業
9	化学工業	22	その他製造業
10	石油製品・石炭製品製造業	23	サービス業
11	プラスチック製品製造業	24	卸売業
12	ゴム製品製造業	25	小売業
13	窯業・土石製品製造業	26	観光業

108   3. 汎用型空間的応用一般均衡モデル（RAEM-Light）の応用事例

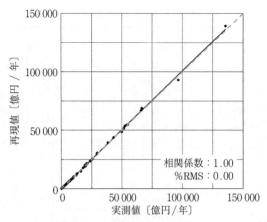

※グラフ内の各プロットポイントは，各地区を示す．
※GRP は gross regional product の略で，ある地域において生産により生み出された価値の総額を示す．
※相関係数は，データ間の相関を示し1に近いほど相関度は高くなる．一方，%RMS に 45 度線からの乖離度を示し0に近いほど乖離度が少ないことを示す．

図 3.25 現況再現性（総生産：GRP）

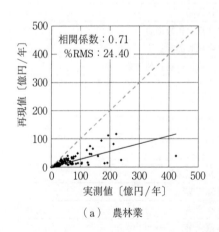
（a）農林業

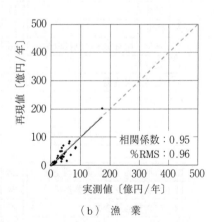
（b）漁業

※グラフ内の各プロットポイントは，各地区を示す．
※相関係数は，データ間の相関を示し1に近いほど相関度は高くなる．一方，%RMS は 45 度線からの乖離度を示し0に近いほど乖離度が少ないことを示す．

図 3.26 現況再現性（農林業，漁業）

3.3 港湾整備を考慮したモデルの拡張

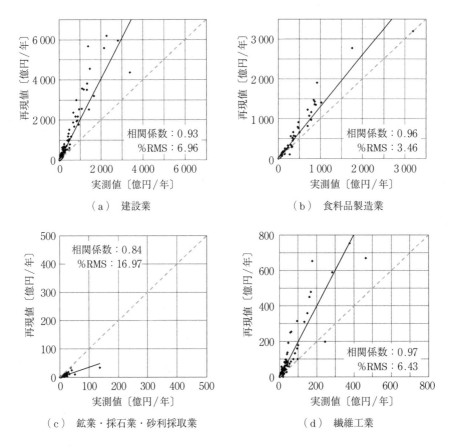

※グラフ内の各プロットポイントは，各地区を示す．
※相関係数は，データ間の相関を示し1に近いほど相関度は高くなる．一方，%RMSは45度線からの乖離度を示し0に近いほど乖離度が少ないことを示す．

図 3.27 現況再現性（建設業，食料品製造業，鉱業・採石業・砂利採取業，繊維工業）

110   3. 汎用型空間的応用一般均衡モデル（RAEM-Light）の応用事例

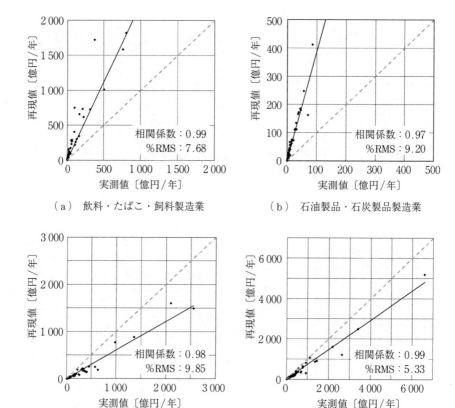

※グラフ内の各プロットポイントは，各地区を示す。
※相関係数は，データ間の相関を示し1に近いほど相関度は高くなる。一方，%RMSは45度線からの乖離度を示し0に近いほど乖離度が少ないことを示す。

図3.28 現況再現性（飲料・たばこ・飼料製造業，石油製品・石炭製品製造業，パルプ・紙・紙加工品製造業，化学工業）

3.3 港湾整備を考慮したモデルの拡張　　111

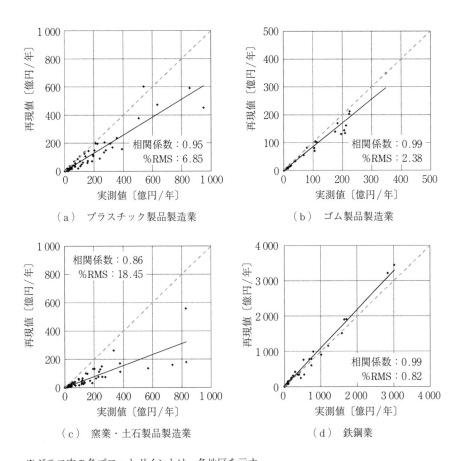

※グラフ内の各プロットポイントは，各地区を示す．
※相関係数は，データ間の相関を示し1に近いほど相関度は高くなる．一方，%RMSは45度線からの乖離度を示し0に近いほど乖離度が少ないことを示す．

図3.29 現況再現性（プラスチック製品製造業，ゴム製品製造業，窯業・土石製品製造業，鉄鋼業）

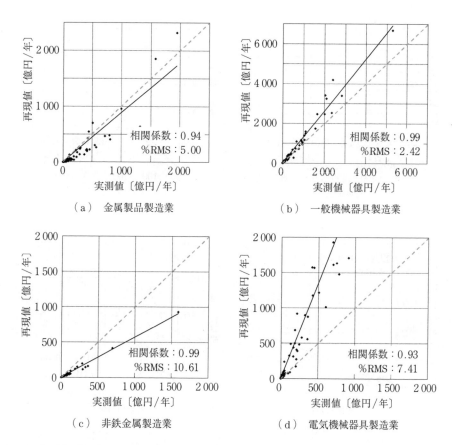

※グラフ内の各プロットポイントは,各地区を示す。
※相関係数は,データ間の相関を示し1に近いほど相関度は高くなる。一方,%RMSは45度線からの乖離度を示し0に近いほど乖離度が少ないことを示す。

図 3.30 現況再現性(金属製品製造業,一般機械器具製造業,非鉄金属製造業,電気機械器具製造業)

3.3 港湾整備を考慮したモデルの拡張　113

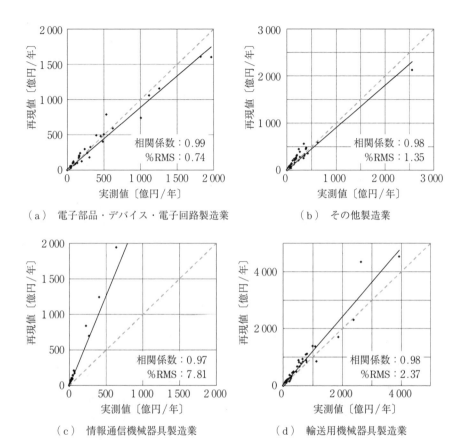

（a）電子部品・デバイス・電子回路製造業
（b）その他製造業
（c）情報通信機械器具製造業
（d）輸送用機械器具製造業

※グラフ内の各プロットポイントは，各地区を示す。
※相関係数は，データ間の相関を示し1に近いほど相関度は高くなる。一方，%RMSは45度線からの乖離度を示し0に近いほど乖離度が少ないことを示す。

図3.31 現況再現性（電子部品・デバイス・電子回路製造業，その他製造業，情報通信機械器具製造業，輸送用機械器具製造業）

114　3. 汎用型空間的応用一般均衡モデル（RAEM-Light）の応用事例

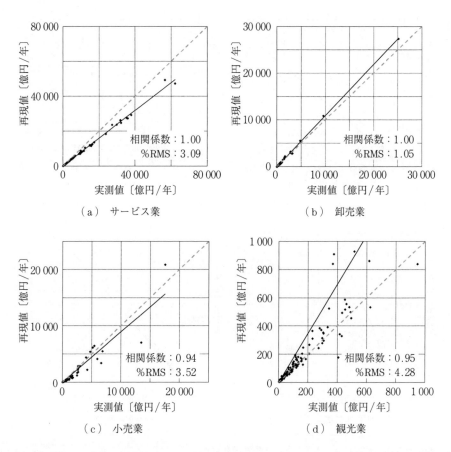

※グラフ内の各プロットポイントは，各地区を示す。
※相関係数は，データ間の相関を示し1に近いほど相関度は高くなる。一方，%RMSは45度
　線からの乖離度を示し0に近いほど乖離度が少ないことを示す。

　　　図3.32　現況再現性（サービス業，卸売業，小売業，観光業）

表 3.13 現況再現性の結果一覧

産業分類	相関係数	%RMS
農林業	0.71	24.4
漁業	0.95	1.0
鉱業・採石業・砂利採取業	0.84	17.0
建設業	0.93	7.0
食料品製造業	0.96	3.5
飲料・たばこ・飼料製造業	0.99	7.7
繊維工業	0.97	6.4
パルプ・紙・紙加工品製造業	0.98	9.9
化学工業	0.99	5.3
石油製品・石炭製品製造業	0.97	9.2
プラスチック製品製造業	0.95	6.9
ゴム製品製造業	0.99	2.4
窯業・土石製品製造業	0.86	18.5
鉄鋼業	0.99	0.8
非鉄金属製造業	0.99	10.6
金属製品製造業	0.94	5.0
一般機械器具製造業	0.99	2.4
電子部品・デバイス・電子回路製造業	0.99	0.7
電気機械器具製造業	0.93	7.4
情報通信機械器具製造業	0.97	7.8
輸送用機械器具製造業	0.98	2.4
その他製造業	0.98	1.4
サービス業	1.00	3.1
卸売業	1.00	1.1
小売業	0.94	3.5
観光業	0.95	4.3
総生産（GRP）	1.00	0.0

3.3.4 分析結果と政策的含意

以上のデータセットをもとに算出した港湾整備による効果（GRP 変化）を図 3.33 に示す．効果の規模は，整備内容（投資額）が港湾によって異なることからばらつきがあるものの，徳山下松港が立地する周南市地区および宇部港

116   3. 汎用型空間的応用一般均衡モデル（RAEM-Light）の応用事例

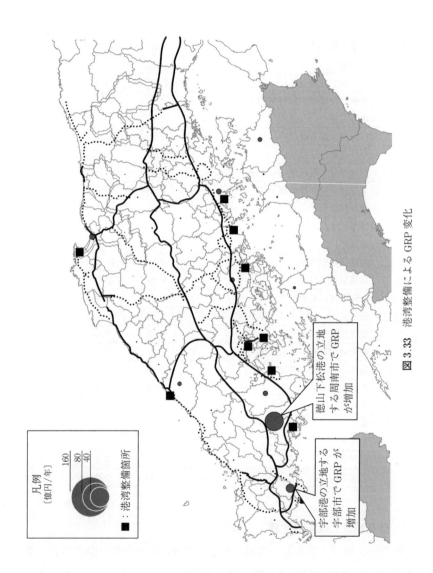

図 3.33 港湾整備による GRP 変化

が立地する宇部市地区は大規模な化学系コンビナートが立地するとともに，整備による物流コスト削減額が比較的大きいことから，GRP変化が比較的高くなっている。一方，内陸の地区での効果は非常に限定的である結果となっている。このような結果となる背景の一つとして，物流データの制約が考えられる。港湾から背後圏への物流データのなかでも移出入データについては，陸上出入り貨物調査結果に基づく施設間流動のみが整理されていることから，港湾施設外の倉庫へ一時保管されるような財については，その後の流動を把握することができない。そのため，背後圏への波及的影響については，本来あるべき量に対して過少に算出されている可能性がある。

なお，本書で構築したモデルは，陸上輸送と海上輸送のシェアを外生的に与えていることから港湾整備によるモーダルシフトの効果は見込まれていない点に留意する必要がある。

つぎに，道路整備と港湾整備をあわせた効果を図3.34に示す。道路にかかる整備量・投資量が港湾に対して大きいことから，現状の計画ベースで考えると，全体的な効果量は道路整備が中国地方内の地域経済へ与える影響が非常に多く，港湾整備による影響は相対的に少ないといえる。ただし，徳山市地区や宇部市地区の2地区については，道路整備よりも港湾整備による効果が大きくなっており，両地区の経済活動にとって，港湾整備が相対的に非常に重要であることがうかがえる。

つぎに，道路・港湾個別整備に対して道路・港湾同時整備の効果を県別に比較したものを図3.35に示す。この変化率がいわゆる両社会資本の整備による相乗効果の規模になる。ここでの相乗効果とは，各地区が取引先の選択を行う際，個別整備に比べて同時整備のほうが相対的に大きな取引変化が生じるようなケースを想定しているが，結果をみると，鳥取県で若干存在（1.6％上昇）するものの，他県ではほとんど生じていない。今回のケースでは港湾整備の規模が相対的に小さかったため，このような結果となっているが，今後は，対象事業を絞った分析を行い相乗効果の発現状況についての確認を行う必要がある。また，道路利用の需要は今後増加することが期待されないものの，港湾利

118   3. 汎用型空間的応用一般均衡モデル（RAEM-Light）の応用事例

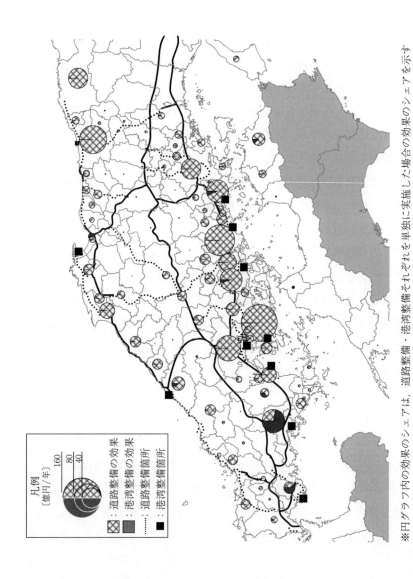

※円グラフ内の効果のシェアは，道路整備・港湾整備それぞれを単独に実施した場合の効果のシェアを示す

図3.34　道路整備・港湾整備によるGRP変化

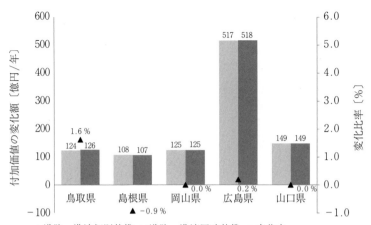

図 3.35 道路・港湾個別整備と道路・港湾同時整備の効果比較

用の需要については東アジアの経済発展とともに製造業の水平分業化などが進行し国際的な取引が増加することが予想される．本モデル構造では，このような将来シナリオを想定した分析も可能であることから，今後の政策ニーズに応じた現実的なシナリオのもとでの効果分析を行うことで，道路整備との相乗効果の発現状況を確認することも有効であると考える．

つぎに，道路整備，港湾整備，それぞれについて，どの産業の成長を支援するのかについて産業別の付加価値額の変化量を図 3.36 および図 3.37 に示す．道路事業については，一般機械，観光，卸売，食料品製造業，小売業などにおいて大きな生産変化が生じており，道路整備が組立型産業，サービス系産業の成長を支援していることがわかる．一方，港湾事業については，化学コンビナートが立地する港湾における整備事業が多いこともあり，化学工業が非常に高い値となっている．このような結果は，前述の効果の総量によるマクロ的な分析に加えて基礎自治体が戦略的に産業政策を推し進めようとした際に有効な情報になると考えられる．

120   3. 汎用型空間的応用一般均衡モデル（RAEM-Light）の応用事例

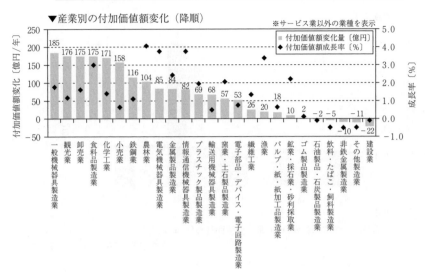

図 3.36 道路事業の産業別の生産効果

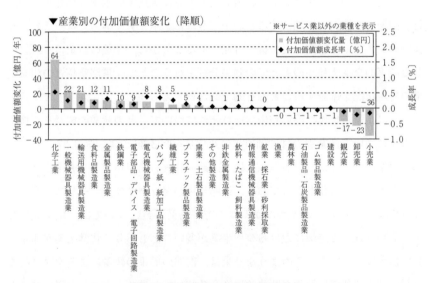

図 3.37 港湾事業の産業別の生産効果

4 汎用型空間的応用一般均衡モデル（RAEM-Light）の拡張事例

4.1 より詳細な中間財構造の導入モデル

　RAEM-Light は SCGE モデルをより詳細な地域に適用するために開発されたモデルである．SCGE モデルの適用範囲は地域間産業連関表が整備されている地域が望ましく，それより小さい地域区分の分析のためには，地域間産業連関表を，地域案分などの方法を用いて作成する以外には方法がないことが知られている．一方で，RAEM-Light では詳細地域の付加価値額と地域間物流 OD のデータがあれば，簡易的にではあるが，SCGE モデルを適用可能としている点に特徴がある．しかし，より詳細な地域となると，モデルの前提条件が崩れることとなり，正確に道路整備の効果を計測することができない可能性がある．そこで，中間財投入構造に関しての問題点と改善点を以下に示す．

4.1.1 既存モデルにおける中間財構造の問題点

　既存モデルでは，式 (2.12) で示したように，最終需要に地域内産業連関表のレオンチェフ逆行列を乗じることで，各地域の最終需要を生産するうえで必要とされる財の量（最終財需要 + 中間財投入需要）が算出される構造となっている．しかし，より詳細な地域を分析するうえでは，最終財そのものが輸送により地域を越えて運ばれてくると想定したほうが現実的である．それは図に示すとわかりやすい．現在の RAEM-Light は図 4.1 に示すような構造を想定している．つまり，ある特定の地域の最終需要にレオンチェフ逆行列を乗じるこ

122　4. 汎用型空間的応用一般均衡モデル（RAEM-Light）の拡張事例

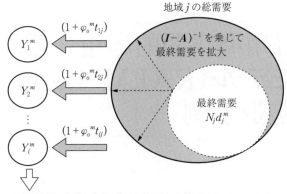

図 4.1　既存モデルの中間財投入構造

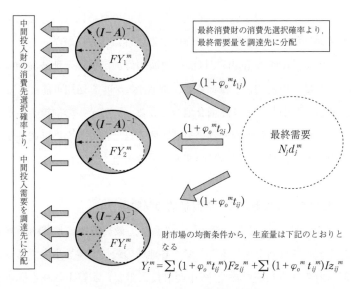

図 4.2　より現実的な中間財投入構造

とで，地域需要の総量を計算し，それが物流を通じて地域外から調達される構造となっている．

一方，現実的な詳細地域では，最終需要そのものが物流を通じて地域外から直接調達され，かつ，その地域でレオンチェフ逆行列により計算された中間財需要も物流を通じて別の地域から調達されると考えるほうが一般的である．つまり，**図 4.2** に示すような構造を考えるべきである．

そこで，図 4.2 の構造にならって，RAEM-Light の定式化の変更を試みる．

4.1.2 より詳細な中間財構造の導入

まず，式 (2.9) で定義したロジットモデルを基本とし，中間需要および最終需要の交易に関して，2 パターンで消費先選択確率を定義する．ただし，通常，実証分析を行う場合，小規模地域に対応した中間投入財および最終消費財ごとの流動データが整備されていないため，$Fs_{ij}^m = Is_{ij}^m$ としても問題はない．

$$Fs_{ij}^m = \frac{FY_i^m \exp[-\lambda_o^m q_i^m (1+\varphi_o^m t_{ij})]}{\sum_{k \in I} FY_k^m \exp[-\lambda_o^m q_k^m (1+\varphi_o^m t_{kj})]} \tag{4.1}$$

$$Is_{ij}^m = \frac{IY_i^m \exp[-\lambda_o^m q_i^m (1+\varphi_o^m t_{ij})]}{\sum_{k \in I} IY_k^m \exp[-\lambda_o^m q_k^m (1+\varphi_o^m t_{kj})]} \tag{4.2}$$

ただし，Fs_{ij}^m：最終消費財に関する消費先選択確率，Is_{ij}^m：中間投入財に関する消費先選択確率である．

図 4.2 の構造に従えば，消費者行動から導出される最終需要量に対して，ここで定義した消費先選択確率 Fs_{ij}^m を乗じ，それを生産地で集計することで各地域での最終需要に対応した生産量を定義することが可能となる．つまり，式 (4.3) に従い，地域 j の財 m に対する最終需要量に，消費先選択確率を乗じることで，地域 i への需要量割当を算出し，式 (4.4) に従い，それらを，地域 j のインデックスで集計することで，地域 i 財 m の最終需要に対する生産量を算出することが可能となる．ここで，Iceberg 型のマークアップ率を乗じることは標準型のモデルと同様である．

$$Fz_{ij}{}^m = N_j d_j{}^m Fs_{ij}{}^m \tag{4.3}$$

$$FY_i{}^m = \sum_{j \in \mathbf{J}} (1 + \varphi_o{}^m t_{ij}) Fz_{ij}{}^m \tag{4.4}$$

ただし，$Fz_{ij}{}^m$：最終需要流動量，$FY_i{}^m$：最終需要量を満たす生産量である．

そして，式 (4.3)，(4.4) で算出された地域ごとの最終需要に対する生産量にレオンチェフ逆行列を乗じることで，最終需要量に中間需要量を合計した総生産量（産出計）が算出され，その値に中間投入係数を乗じることで中間投入需要量が算出されることとなる．この地域 i における中間財需要にさらに消費先選択確率を乗じることで，地域間の中間投入需要流動量を式 (4.7) で算出する．

$$\begin{bmatrix} Ou\_Y_i^1 \\ \vdots \\ Ou\_Y_i^m \\ \vdots \\ Ou\_Y_i^M \end{bmatrix} = \begin{bmatrix} 1-a_i^{11} & \cdots & 0-a_i^{1N} \\ \vdots & \ddots & \vdots \\ 0-a_i^{M1} & \cdots & 1-a_i^{MN} \end{bmatrix}^{-1} \begin{bmatrix} FY_i^1 \\ \vdots \\ FY_i^m \\ \vdots \\ FY_i^M \end{bmatrix} \tag{4.5}$$

$$IX_j^{mn} = a_j^{mn} Ou\_Y_j^m \tag{4.6}$$

$$Iz_{ij}{}^{mn} = IX_j^{mn} Is_{ij}{}^m \tag{4.7}$$

ただし，$Ou\_Y_i^m$：生産量（産出計），IX_i^{mn}：中間投入需要量，$Iz_{ij}{}^{mn}$：中間投入需要流動量である．

以上の算出結果から，最終需要流動量と中間投入需要流動量に対してIceberg 型の交通抵抗を考慮することで，各地域の生産量は式 (4.8) で算出することが可能となる．

$$Y_i^m = \sum_{j \in \mathbf{J}} (1 + \varphi_o{}^m t_{ij}) Fz_{ij}{}^m + \sum_{j \in \mathbf{J}} \sum_{n \in \mathbf{N}} (1 + \varphi_o{}^m t_{ij}) Iz_{ij}{}^{mn} \tag{4.8}$$

さらに，生産者価格 q_j^n と消費者価格 p_j^m についても，各財（最終消費財・中間投入財）の消費先選択確率を用いることで式 (4.9)，(4.10) のとおり定義される．

$$q_j^n = a_j^{0n} cv_j^n + \sum_{m \in \mathbf{M}} a_j^{mn} \sum_{i \in \mathbf{I}} Is_{ij}{}^m q_i{}^m (1 + \varphi_o{}^m t_{ij}) \tag{4.9}$$

$$p_j^m = \sum_{i \in \mathbf{I}} Fs_{ij}{}^m q_i{}^m (1 + \varphi_o{}^m t_{ij}) \tag{4.10}$$

このようにモデルを改良することで，より正確に中間財需要をとらえたモデルとなる。また，このモデルも標準的 RAEM-Light と同様のキャリブレーション手法および均衡アルゴリズムにより解を求めることが可能となるが，モデルがより複雑となり，実用的な計算時間内に計算可能であるかなど確認すべき点が多い。さらに，このように計算することで，SCGE モデルを計算すると同時に，詳細地域での地域間産業連関表を内生的に算出している点も重要である。通常の Non-Survey 法などで作成した地域間産業連関表などと比較することも今後の重要な研究課題である。

4.1.3 数値シミュレーション

つぎに，既存モデルと中間財構造を詳細に行ったモデルで数値シミュレーション実験を実施することで，計算結果の比較検証を行い，どの程度アウトプットが異なるのか分析を行う。ここで，仮想数値シミュレーションでは**表 4.1** に示す前提条件により計算を行う。

表 4.1 前提条件

条件項目	条件内容
地域数・産業数	3 地域・3 産業
取引条件	Goods3 は地域間交易なし
施策シナリオ	Region1 ～ Region3 の所要時間が 20% 短縮

まず，便益の比較であるが，**図 4.3** は，式 (2.22) より算出される地域別の便益を既存モデルと比較したグラフである。まず，地域全体での便益を比較すると，既存モデルと本稿で構築したモデルでは，ほぼ同値となっており，仮想データによる検討結果からは，モデル改良による影響はさほど大きくないことがわかる。つぎに，地域別での便益をみると，Region2 では既存モデルとほぼ同値となっており，仮想的な時間短縮を想定する Region1 および Region3 で約 20% の差となっていることがわかる。また，便益の帰着状況をみると，符号関係および帰着の傾向に変化はないものの，既存モデルに比べ帰着便益の大小に少なからず影響を与えることが確認できている。さらに，**図 4.4** は，地域別・

126　4. 汎用型空間的応用一般均衡モデル（RAEM-Light）の拡張事例

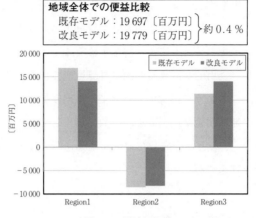

図 4.3　便益の比較

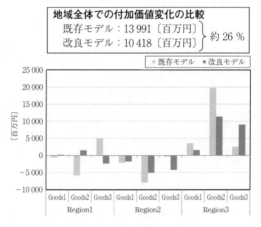

図 4.4　付加価値の比較

産業別の付加価値を既存モデルと比較したグラフである．まず Region2 と Region3 に着目すると，数値の大小はあるものの，符号関係および算出傾向に変化はなく，既存モデルでおおむね同じ結果となっていることがわかる．一方で Region1 に着目すると，符号関係および算出傾向が大きく異なっていることがわかる．これらの影響はベンチマークデータの値，あるいは，政策変数により大きく影響するものであるが，より詳細な地域へのモデルの適用，かつ，小

規模な道路整備への応用を考えるうえでは無視できない値になる恐れがある。計算が複雑で作業が煩雑になる可能性があるが，対象地域の大きさ，対象事業の規模を考え，この拡張された RAEM-Light の適用を考えるかどうかの判断を行う必要がある。

4.2 その他の RAEM-Light 拡張の可能性

ここでは RAEM-Light の拡張性について，三つのテーマでの議論を整理しておく。

4.2.1 本源的需要としての交通需要の導入

通常，空間的応用一般均衡モデルは交通現象を物流としてとらえ，物の移動と交通を一体的に消費していると考えている。このような交通を**派生的需要**と呼ぶことがある。一方で，交通そのものを消費している場合があり，それを**本源的需要**と呼ぶ。このような本源的需要としての交通とは，鉄道や飛行機で旅行を楽しむ，あるいはドライブを楽しむといったものである。しかしながら，旅行などは到着地での宿泊や飲食といったものの消費であるととらえると派生的需要でとらえられていると考えることが可能である。そのため，純粋に本源的需要としての交通は非常に限定されることとなる。経済モデルを構築する場合，この問題は，派生的需要でのモデル化と本源的需要でのモデル化により表現される交通の総量というよりはむしろ，表現される選択行動の選好のモデル化に違いが現れると考えられる。通常，モデルの簡略化のために，財とサービスは同じ行動規範によりモデル化される。しかし，旅行などの選択行動は，旅行先の宿泊費や交通費用だけでなく，当該地域の魅力度，過去の経験などに依存し，そのような行動規範は，通常の財と分ける必要がある。特に，交通整備評価を行う場合は，このような要因がカギとなり地域開発の効果予測結果を左右しかねない。そのため，より人流を，物流の応用としてとらえるのではな

く，人流そのものの行動を正確にモデル化したほうがよい場合がある．例えば，〔小池，上田，宮下 (2000)〕[24]は，リニア中央新幹線を対象に，人流をビジネストリップと観光などの自由トリップとし，その行動は，あたかも，本源的需要としての交通を消費しているという枠組みを提案している．これらの知見をうまく援用すれば，本源的需要としての交通行動を SCGE モデルに取り込むことが可能となる．

4.2.2 独占的競争に代表される不完全競争市場の導入

道路整備のような交通整備施策の便益計測では，通常，施策前後での一般化交通費用の変化と交通需要量の変化から消費者余剰法を用いて計測することが一般的である．しかしながら，この計算結果と厚生変化が一致するための条件として，市場が完全競争的であることが知られている．つまり，現実の経済が完全競争的でないなら，必ずしも消費者余剰法での便益計測結果が厚生変化を表していない可能性，つまりその間に乖離がある恐れがある．このような問題意識のもと，欧州での空間的応用一般均衡分析では，この乖離を計算することを目的として，空間的応用一般均衡モデルを用いることが一般的であり，当初のモデル開発の目的もそのためである．そして，不完全競争状態を表現する方法として，独占的競争モデルを用いる場合が多い（例えば，〔Bröcker (1998)〕[2]）．

独占的競争モデルを用いた応用一般均衡モデルは，理論的開発を終え，いくつかのプロジェクトで実用化が試みられている（例えば，〔Knaap and Oosterhaven (2003)〕[7]）．しかしながら，費用便益分析における便益計測手法として，つまり，消費者余剰法の代替手法として用いることが可能であるかどうかに関しては，いまだ，数多くの問題があることが指摘できる．まず，独占的競争モデルの特徴を表す関数のパラメータに関して，十分な根拠をもった計測結果が得られているとはいいにくく，数値計算事例にすぎないものが多い点である．これは，交通インフラ整備がどの程度不完全競争市場に影響しているのかを統計的に検証する試みであり，交通インフラ整備がない状態での経済状況（反事実）を正確に予測することであり，非常に困難を有するものである．

また，仮に，正確なパラメータが得られたとしても，独占的競争を考慮した空間的応用一般均衡分析の結果がいつ発生するのかという動学的経路の問題にも答えなければ，費用便益分析の便益計測手法として採用することは難しいであろう．

しかしながら，このような独占的競争を考慮した応用一般均衡モデルは，将来の国土構造を予測し，長期的な国土計画を作成するうえでは重要な取組みであることには違いない．そのため，パラメータ予測の精度向上など，多くの課題に取り組む必要がある．

4.2.3 交通整備の生産性向上効果の導入

さらに，交通整備は当該地域の生産性を向上するといわれている．近年，地域あるいは企業の全要素生産性 TFP とアクセシビリティなどの交通整備水準に正の相関関係があるという報告も数多くなされている．RAEM-Light をはじめ多くの空間的応用一般均衡モデルでは，付加可価値に関して規模に関して収穫一定，つまり，TFP などの生産性は変化しないことがモデルで想定されている．このような全要素生産性の変化を空間的応用一般均衡モデルに取り込む試みも行われている（例えば，〔Kim, Hewings, and Hong (2004)〕[5]）．しかし，交通整備の効果をアクセシビリティの変化としてのみとらえることは，本来の一般化費用の削減という効果とどのように整合しているのかという理論上の問題があるのと同時に正確に交通整備の効果を生産性変化でとらえることが可能であるかという計測上の問題も指摘できる．このような試みも，交通整備がどのようなメカニズムで地域あるいは企業の生産性を向上させるのかに関する研究蓄積がなされれば，より正確な便益計測が可能となることが期待できる．

RAEM-Light に関しては，企業の生産性向上は，付加価値ベースではなく生産額ベースで，中間財投入費用の効率化としてモデル化，そして最終消費者における財購入費用の効率化としてモデル化されている．これで交通整備の効果として十分であるかは議論の分かれるところではあるが，このようにとらえた便益であることを理解することは重要である．

5 空間的応用一般均衡分析の実用可能性

　本書は,『社会資本整備の空間経済分析』と題され,社会資本整備に関する社会的意思決定問題における帰着便益分析の有用性とその手法を解説するものである。ここでの手法とはミクロ経済学を基礎とした空間的応用一般均衡モデルであり,その実務的応用手法と事例を紹介した。これは,社会資本整備評価を行ううえで,1章に記したように,補償原理に従うならば,必ずしも必要ではなく,発生便益を基準としたB/Cのみを測ればよいこととなる。しかし,あえて,このような複雑な手法を援用して,帰着便益分析をする意図は以下のように整理できる。

① 帰着便益分析を通じて,社会資本整備によるメリット・デメリットを地域別に知ることが可能となり,当該整備のアカウンタビリティに寄与する。

② さらに,社会資本整備の社会経済的影響を詳細に把握することで,産業誘致政策など,当該地域の将来計画に有用な情報を与える。

③ 応用一般均衡モデルという理論をもとに構築されているため,道路整備だけではなく,他の社会資本整備,あるいは,他の政策と同一のフレームで効果の比較・検討が可能となる。

④ 最後に,市場が必ずしも完全競争的でない場合,この空間的応用一般均衡モデルのフレームを応用して,市場の不完全性を入れたモデルに拡張することで,より現実的な評価が可能となる。

①は,この空間的応用一般均衡モデルを用いるもっとも基礎的な理由である。通常,ワルラスが想定したミクロ経済分析では代表的個人や平均的個人を

仮定することで，マクロ経済の帰結との整合性を保つというのが一般的解釈である。しかし，道路整備のような社会資本整備の場合，地域間でその影響に違いが生じ，そのこと自体が事業の合意形成の妨げになる場合がある。そのため，各地域に住む個人・企業を想定した空間的応用一般均衡モデルを用い，それぞれの地域別主体の効果（便益）を把握することで，社会資本の地域別影響を把握することが可能となるという意味である。一方で，地域別帰着便益がどの程度正確に把握できているのかには若干の問題があることも事実である。この空間的応用一般均衡モデルの場合，地域別帰着便益は地域別実質所得の変化分と一致する。ここで，労働所得に関しては，統計的な充実により，その効果をほぼ把握できていると考えられるが，一方で資本所得の地域分配に関しては，統計的に十分に把握できず，正確にとらえられているとはいいにくい。RAEM-Lightでは，国民全員が資本を均等に保有していると仮定しているが，この妥当性を検証することすら難しい状況である。また，地域間産業連関表でもこの地域間での資本所得に関する十分な情報が得られない状況である。この点は今後の研究課題として重要な点である。

　つぎに②は，応用一般均衡モデルが想定している均衡に関係している。通常，応用一般均衡モデルは長期的な均衡を想定している。つまり，現状も長期的均衡状態であり，かつ，社会資本整備後の社会経済状況も長期的均衡状態であるとの想定である。しかし，現実には，資本や人口の移動には相当な時間がかかり，社会資本整備の直後に実現する社会経済は，当然，いまだモデルが想定している状況にない。つまり，空間的応用一般均衡モデルを用いた社会資本整備後の状況はいつの時点のことを描いているかに関しては何も答えられない状況である。そこで，3.1節で示したように，この社会資本整備後の将来像を視覚的にわかりやすく示すことを行い，この情報を有効に活用して，産業誘致政策・観光振興政策などにより，より積極的に社会経済構造を誘導する試みを行ってきた。これは，社会資本整備はそれ自体として社会経済のなかで効果的に機能するには一定の時間が必要であるが，費用便益分析的に考えれば，なるべく早くその機能が有効に活用されれば，より社会的効率性が高まることを意

味している．人口減少・高齢化が進むわが国では，このような取組みにより社会資本整備をより早期に有効活用することは大変重要な点であると考えている．

一方で③は，このような空間的応用一般均衡分析がミクロ経済学の基礎理論に立脚していることのメリットである．ミクロ経済学は，社会経済を主体均衡と市場均衡に分割することで，社会経済のさまざまな現象を描写することに成功している．すなわち，この理論に立脚すれば，社会経済に影響を及ぼすさまざまな社会的影響（政策，環境変化など）を表現することが可能となる．そこで，3.2節，3.3節で示したように，所要時間短縮という道路整備だけでなく，料金施策や港湾整備なども同一のフレームで分析することが可能である．この点は社会資本整備の政策評価という意味では非常に重要であり，部門の違う社会資本整備の有効性を評価できる．さらに，社会資本整備の整備計画の視点からは，部門の違う複数の社会資本整備を同時に行った場合の相乗効果や相殺効果を把握することが可能となり，より有効な社会資本整備計画に寄与するであろう．さらに，昨今の財政状況や政治状況を勘案すると，社会資本整備事業以外の福祉政策や地球環境政策などと，その効果をさまざまな視点から比較可能となる．この点に関しては，今後さらに，実証分析を蓄積する必要がある．

最後に④は，本書で解説している空間的応用一般均衡モデルは外部性がない完全競争市場を想定している．一方で，現実の経済には多くの歪みがあることが指摘されており，独占的競争モデルや不均衡モデルへの拡張が可能であろう．このようなモデルの拡張は，理論的にはいくつかのアイディアを組み合わせれば可能だが，実証分析としては，いまだ多くの課題があることも確かである．特に，現状の社会経済状況を表現するキャリブレーション手法を援用する空間的応用一般均衡モデルでは，現状の社会経済での歪みの状態をどのパラメータで，どの程度表現するかに十分な蓄積があるとはいいにくい．そのため，この分野での理論的・実証的取組みの蓄積も不可欠である．

空間的応用一般均衡モデルが実証的に用いられはじめ，すでに10数年が経

過している。しかしながら，いまだ，わが国では社会資本整備評価への応用は非常に限られていることも事実である。その第一の理由は，空間的応用一般均衡モデルへの間違った期待からきていると考えられる。具体的にいえば，社会資本整備の便益評価において，空間的応用一般均衡モデルを使えば，通常のマニュアルによる消費者余剰法の便益よりも大きく計算することができるなどというものである。本書で何度も記しているように，空間的応用一般均衡モデルを用いても一概に便益が大きくなることはなく，ときには小さくなることもある。それでは，なぜ，多大な労力をかけて，この空間的応用一般均衡モデルを利用する価値があるのかといえば，それは，このモデルは社会資本整備の便益の量を測ることはもとより，便益の質ともいうべき，詳細な社会経済への影響を定量的に把握することが可能であるということである。つまり，地域別帰着便益や地域別産業別生産量の変化を知ることで，当該社会資本整備の効果を細かく把握するだけでなく，当該地域の将来像を描くための重要な計画要素として生かす必要があるからである。このことを十分に理解せずに，このモデルを利用しても，期待される効果は得られないであろう。この意味でも，今後のわが国の国土構造を計画するうえで，空間的応用一般均衡モデルのもつ役割はますます重要になってくると考えている。

付録 A：用語解説

【1章】

（1） **補償原理**（compensation principle）

　補償原理とは，経済の状態が変化した場合，その変化によって利益を得た人々が損をした人々に補償をすることで，損をした人々の満足を変化前と同じ満足に戻すことができ，かつ，利益を得た人々にはそのような補償をしても利益が残る。このような補償手段が存在するならば，その経済状態への変化は望ましいとする考え方である。また，この補償原理では実際に補償がなされるべきか否かは問題とされない。この意味の改善は**カルドア改善**（Kaldor improvement）と呼ばれる。さらに，経済状態の移行において，その逆の移行がカルドア改善でないとき，その移行は**ヒックス改善**（Hicks improvement）と呼ばれる。

（2） **パレート基準**（Pareto criterion）

　パレート最適（Pareto optimum）とは，もしある人の効用を増加させようとするならば，ほかの人の効用を減少させなければならない状態である。また，**パレート改善**（Pareto improvement）とは誰の効用も悪化させることなく，少なくとも一人の効用を高めることができるとき，新しい経済状態は前の経済状態のことをいう。パレート基準とは，このようなパレート改善を基準とした判断である。

（3） **一般均衡理論**（general equilibrium theory）

　一般均衡理論とは，一つの財市場を扱う部分均衡理論に対して，多数（あるいは，すべての財）の市場を同時に扱う理論体系であり，消費者や生産者がすべての財価格が与えられた状態を想定する完全競争市場では，競争均衡価格の存在定理や，競争均衡における資源配分がパレート最適であることをいった厚生経済学の第一定理などが証明される。

（4） **完全競争市場**（complete markets）

　完全競争市場とは，一般均衡理論で想定される消費者や生産者などの経済主体が財価格の決定に支配力をもたず，すべての財価格が市場で決定されることを想定すること。

（5） **地域間交易係数**

　地域間交易係数とは，地域内需要総額に占める他地域からの供給額の比率。

（6） **f.o.b. 価格**（free on board price）

　f.o.b. 価格とは，free on board 価格の略であり，生産者側が負担する費用である。ここでは，生産者価格と同義で使用している。

（7） **c.i.f. 価格**（cost, insurance, freight price）

　c.i.f. 価格とは，cost, insurance, freight 価格の略であり，消費者が負担する価格である。ここでは，生産者価格に輸送費を加えたものと同義で使用している。

（8） **ラグランジュ法**

　ラグランジュ法とは，制約条件つきの非線形最適化問題を解く手法であり，制約条件に対し係数を乗じ，目的関数と線形結合した関数から**キュー**

ン・タッカー条件（Kuhn = Tucker condition）を用いて解く方法である．

（9）　シェファードの補題

　シェファードの補題とは，費用関数を要素価格で偏微分することで，要素需要関数が導出される命題．

（10）　**Iceberg 型の交通費用**

　Iceberg 型の交通費用とは，一般均衡理論に整合的かつ簡易的に交通費用を導入する方法である．ここでは，交通企業を明示せずに，交通企業への支払を運搬されている財そのもので支払うと想定している．そのため，交通費用は f.o.b. 価格と c.i.f. 価格の差（財の減少率）として定義される一方で，財の需要量に，輸送に必要な財の減少率を加えたものが供給量となる．

（11）　**需要と供給の法則**（The law of supply and demand）

　需要と供給の法則とは，市場均衡を考えるうえで，市場に超過需要が発生している場合に価格が上昇し，逆に超過供給が発生している場合に価格が下降するという法則．

【2章】

（12）　**グリッドサーチ法**（grid search method）

　グリッドサーチ法とは，多変量の最適化問題をヒューリステッィクに解く手法である．操作変数を離散的なグリッドに分割し，それらを組み合わせた値を目的関数に入れ，最適な値を試行錯誤的に見つけ出す方法である．

（13）　**等価変分**（equivalent variation，EV）

　等価変分とは，経済状態の変化を定義する一つの定義であり，変化によって便益を受ける人に対して変化をあきらめてもらうために支払わなければな

らない金額である。

（14） **サンクコスト**（sunk cost）

　サンクコストとは，事業に投下した資金のうち，事業の撤退・縮小を行ったとしても回収できない費用である。

（15） **CES**（constant elasticity of substitution）**型関数**

　CES 型関数とは，コブダグラス型生産関数をより一般的にした生産関数であり，生産の場合，投入要素の代替弾力性を任意に与えることができる関数。

（16） **マークアップ**（markup）

　ここでの**マークアップ**とは，f.o.b. 価格（生産者価格）と c.i.f. 価格（消費者価格）の差である。

付録 B：RAEM-Light（簡易版）のモデルと計算フロー

B.1 RAEM-Light（簡易版）の想定する経済構造および前提条件

① 2地域2産業で構成された経済を想定（**付図1**参照）。
② 財生産企業は，家計から提供される生産要素（資本・労働）を投入し生産財を生産する。
※中間投入財は考慮しない。
③ 家計は，企業に生産要素（資本・労働）を提供して所得を受け取る。そして，その所得をもとに財消費を行う。
④ 交通抵抗は Iceberg 型で考慮する。
⑤ 労働市場は各地域で閉じているものの，資本市場は全地域に開放されているものとする。

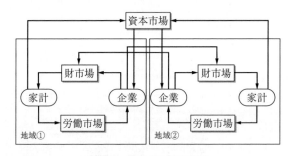

付図1 想定する経済構造

〔1〕 企業行動モデル

各地域には生産財ごとに一つの企業が存在することを想定し，地域 i において財 m を生産する企業の付加価値関数をコブダグラス型で仮定すると式（1）

B.1 RAEM-Light（簡易版）の想定する経済構造および前提条件

のようになる。

$$y_i^m = A_i^m (L_i^m)^{\alpha_i^m} (K_i^m)^{1-\alpha_i^m} \tag{1}$$

ただし，L_i^m：労働投入，K_i^m：資本投入，α_i^m：分配パラメータ，A_i^m：効率パラメータである。

付加価値生産に関する最適化問題は式（2）のように費用最小化行動となる。

$$\left. \begin{array}{l} \min. \quad w_i L_i^m + r K_i^m \\ \text{s.t.} \quad y_i^m = A_i^m (L_i^m)^{\alpha_i^m} (K_i^m)^{1-\alpha_i^m} \end{array} \right\} \tag{2}$$

ただし，w_i：賃金率，r：資本レント，q_i^m：生産者価格である。

式（2）より，生産要素需要関数 L_i^m，K_i^m と生産者価格 q_i^m が超過利潤ゼロの条件から平均費用として得られる。

$$L_i^m = \frac{\alpha_i^m}{w_i} q_i^m y_i^m \tag{3}$$

$$K_i^m = \frac{1-\alpha_i^m}{r} q_i^m y_i^m \tag{4}$$

$$q_i^m(w_i, r) = C_i^m(w_i, r) = \frac{w_i^{\alpha_i^m} r^{1-\alpha_i^m}}{A_i^m \alpha_i^{m^{\alpha_i^m}} (1-\alpha_i^m)^{1-\alpha_i^m}} \tag{5}$$

〔2〕 家計行動モデル

各地域には家計が存在し，自己の効用が最大になるよう自地域と他地域からの財を消費するとする。このような家計行動が式（6）のような所得制約下での効用最大化問題として定式化できる。

$$\left. \begin{array}{l} \max. \quad U_i(x_i^1, x_i^2, \cdots, x_i^M) = \sum_{m \in \mathbf{M}} \beta^m \ln x_i^m \\ \text{s.t.} \quad \bar{l}_i w_i + r \dfrac{\overline{K}}{T} = \sum_{m \in \mathbf{M}} p_i^m x_i^m \end{array} \right\} \tag{6}$$

ただし，U_i：効用関数，x_i^m：財 m の消費水準，β^m：消費の分配パラメータ $\left(\sum_{m \in \mathbf{M}} \beta^m = 1 \right)$，$p_i^m$：消費者価格，$\overline{K}$：資本保有量，$\bar{l}_i$：一人当りの労働投入量 $\left(\bar{l}_i = \sum_{m \in \mathbf{M}} L_i^m / N_i \right)$ である。

式（6）より，消費財の需要関数 x_i^m が得られる。

$$x_i^m = \beta^m \frac{1}{p_i^m} \left(\bar{l}_i w_i + r \frac{\overline{K}}{T} \right) \tag{7}$$

〔3〕 地域間交易モデル

各地域の需要者は消費者価格（c.i.f. 価格）が最小となるような生産地の組合せを購入先として選ぶとする。地域 j に住む需要者が生産地 i を購入先として選択したとし，その誤差項がガンベル分布に従うと仮定すると，その選択確率は，式（8）のロジットモデルで表現できる。

$$s_{ij}^m = \frac{y_i^m \exp[-\lambda_i^m q_i^m (1+\psi^m t_{ij})]}{\sum_{k \in I} y_k^m \exp[-\lambda_k^m q_k^m (1+\psi^m t_{ik})]} \tag{8}$$

ただし，t_{ij}^m：交通抵抗（費用），λ_i^m, ψ^m：パラメータである。

この選択確率を用いることで財 m が地域 i から地域 j へ供給される地域間交易量は式（9）のように表される。

$$z_{ij}^m = N_j x_j^m s_{ij}^m \tag{9}$$

ただし，z_{ij}^m：地域間の財の交易量である。

また，消費者価格は式（10）を満たしている。

$$p_j^m = \sum_{i \in I} s_{ij}^n q_i^n (1+\psi^n t_{ij}^n) \tag{10}$$

〔4〕 市場均衡条件式

本モデルでは，短期均衡であることを考慮して，以下の市場均衡条件が成立するとしている。なお，ワルラス法則は式（13）で満たされる構造となる。

〈労働市場〉

$$\sum_{m \in M} L_i^m = \overline{L}_i \tag{11}$$

〈資本市場〉

$$\sum_{i \in I} \sum_{m \in M} K_i^m = \overline{K} \tag{12}$$

〈財市場（需要）〉

$$N_j x_j^m = \sum_{i \in I} z_{ij}^m \tag{13}$$

〈財市場（供給）〉

$$y_i^m = \sum_{j \in J} (1+\psi^m t_{ij}^m) z_{ij}^m \tag{14}$$

〔5〕 便益の定義

本モデルでは施策の効果を計測する指標として経済的効果を**等価変分**（equivalent variation，EV）を用いて以下のように定義した。

$$EV^i = (w_i^0 L_i^0 + r^0 K_i^0)\left(\frac{e^{U_i^1} - e^{U_i^0}}{e^{U_i^0}}\right) \tag{15}$$

ただし，0，1：道路整備のあり・なしを表すサフィックスである。

B.2 RAEM-Light（簡易版）の均衡計算における計算フロー

付図2にRAEM-Light（簡易版）の計算フローを示す．このフロー図とExcelのマクロを照らし合わせることで，実際の計算がどのように行われているのか理解が可能である．

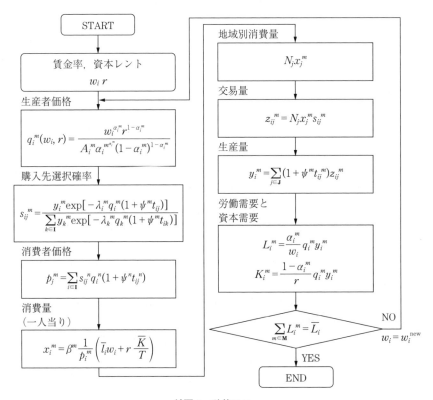

付図2 計算フロー

引用・参考文献

1) Arrow, K. J. and G. Debreu (1954)：Existence of an equilibrium for a competitive economy. Econometrica, **22**, 3, pp.265-290.
2) Bröcker, J. (1998)：Operational spatial computable general equilibrium models, Annals of Regional Science, **32**, 3, pp.367-387.
3) Erlander, S. and N. F. Stewart (1990)：The Gravity Model In Transportation Analysis – Theory And Extensions, VSP Publishers, Utrecht.
4) Hussain, I and L. Westin (1997)：Network Benefits from Transport Investments under Increasing Returns to Scale: A SCGE Analysis. Umeå Economic Studies, Paper no.432. Centre for Regional Science (CERUM), Umeå.
5) Kim, E., G. J. D. Hewings, and C. Hong (2004)：An Application of an Integrated Transport Network – Multiregional CGE Model: a Framework for the Economic Analysis of Highway Projects, Economic Systems Research, Taylor & Francis Journals, **16**, 3, pp.235-258.
6) Knaap, T. and J. Oosterhaven (2000)：The Welfare Effects of New Infrastructure: An Economic Geography Approach to Evaluating a new Duch Railway link, Paper to the North American RSAI Meetings, Chicago.
7) Knaap, T. and J. Oosterhaven (2003)：Spatial Economic Impacts of Transport Infrastructure Investments, in: A. Pearman, P. Mackie & J. Nellthorp (eds) Transport Projects, Programmes and Policies: Evaluation Needs and Capabilities, Ashgate, Aldershot, pp.87-105.
8) Koike, A. and M. Thissen (2005)：Dynamic SCGE model with agglomeration economy (RAEM-Light), Unpublished manuscripts.
9) Koike, A, L. Tavasszy, and K. Sato (2010)：Spatial Equity Analysis on Expressway Network Development in Japan –Empirical Approach Using the Spatial Computable General Equilibrium Model RAEM-Light-, TRR (Transportation Research Record), Journal of the Transportation Research Board, Volume 2133/2009, pp.46-55.
10) Mun, S. I. (1997)：Transport network and system of cities, Journal of Urban

Economic, pp.205-221.
11) Miyagi, T. (2001) : Economic appraisal for multiregional impacts by a large scale expressway project: a spatial computable general equilibrium approach. Tinbergen Institute Discussion Paper: TI 2001-066/3, https://papers.tinbergen.nl/01066.pdf
12) Roson, R. (1995) : A general equilibrium analysis of the Italian transport system. In Banister, D., Capello, R., and Nijkamp, P. : European transport and communications network: Policy evaluation and change. New York: John Wiley & Sons.
13) Scarf, H. E. (1973) : The Computation of Economic Equilibria, Yale University Press, New Haven.
14) Shoven, J. B. and J. Whalley (1972) : A general equilibrium calculation of the effects of differential taxation of income from capital in the U. S, Journal of Public Economics, **1**, 3-4, pp.281-321.
15) Shoven, J. B. and J. Whalley (1973) : General Equilibrium with Taxes: A Computational Procedure and anExistence Proof, Review of Economic Studies **40**, pp.475-489.
16) Shoven, J. B. and J. Whalley (1977) : Equal Yield Tax Alternatives: General Equilibrium Computational Techniques, Journal of Public Economics, **8**, pp.211-224.
17) Tavasszy, L. A., M. J. P. M. Thissen, A. C. Muskens, and J. Oosterhaven (2002) : Pitfalls and solutions in the application of spatial computable general equilibrium models for transport appraisal, Paper prepared for the 42nd European Congress of the Regional Science Association, Dortmund.
18) Whalley, J. (1985) : Trade Liberalization among Major World Trading Areas, MIT Press.
19) 市岡 修 (1991)：応用一般均衡分析，有斐閣．
20) 上田孝行 (2009)：高速道路料金変更政策の費用便益分析，運輸政策研究，**12**, 3.
21) 上田孝行 編著 (2010)：Excel で学ぶ地域・都市経済分析，コロナ社．
22) 財団法人運輸調査局 (2010)：高速道路の料金引き下げに関する影響調査について，https://www.itej.or.jp/cp/wp-content/uploads/top/20100305_release.pdf
23) 奥田隆明 (1996)：確率的多地域一般均衡モデルを用いた国土政策の事後分析，博士論文（名古屋大学）．
24) 小池淳司，上田孝行，宮下光弘 (2000)：旅客トリップを考慮した SCGE モデ

ルの構築とその応用，土木計画学研究・論文集，**17**，pp.237-245.
25) 小池淳司，川本信秀（2006）：集積の経済性を考慮した準動学 SCGE モデルによる都市部交通渋滞の影響評価，土木計画学研究・論文集，**23**，pp.179-186.
26) 小池淳司，佐藤啓輔，川本信秀（2009）：空間的応用一般均衡モデル「RAEM-Light」を用いた道路ネットワーク評価～地域間公平性の視点からの実務的アプローチ～，土木計画学研究・論文集，**26**，pp.161.
27) 国土交通省（2006）：平成17年度 道路交通センサス，
http://www.mlit.go.jp/road/census/h17/index.html
28) 国土交通省（2010）：平成22年度高速道路無料化社会実験について，平成22年6月15日報道発表，http://www.mlit.go.jp/report/press/road01_hh_000107.html
29) 国土交通省，環境省（2010）：平成22年度高速道路無料化社会実験による CO_2 排出量の検討について，平成22年5月7日報道発表，
http://www.mlit.go.jp/road/road01_hh_000104.html
30) 国土交通省港湾局（2004）：港湾整備事業の費用対効果分析マニュアル（平成16年6月），
http://www.mlit.go.jp/kowan/topics/seisakuhyouka/manual/manual.html
31) 国土交通省国土技術政策総合研究所（2008）：平成19年度高速道路料金割引社会実験効果推計調査検討業務報告書および10割引（無料）補足資料．
32) 国土交通省政策統括官（2007）：第4回（2005年）全国幹線旅客純流動調査，
http://www.mlit.go.jp/common/000992198.pdf
33) 国土交通省道路局，都市・地域整備局（2008）：費用便益分析マニュアル 平成20年11月，p.7.
34) 総務省（2009）：平成17年産業連関表，
http://www.soumu.go.jp/toukei_toukatsu/data/io/005index.htm
35) 総務省統計局（2006）：平成17年国勢調査，
http://www.stat.go.jp/data/kokusei/2005/
36) 総務省統計局（2008）：平成18年事業所・企業統計調査，
http://www.stat.go.jp/data/jigyou/2006/
37) 土屋 哲，多々納裕一，岡田憲夫（2003）：空間応用一般均衡アプローチによる東海地震の警戒宣言時の交通規制に伴う経済損失の評価，地域安全学会論文集，No.5，pp.319-325.
38) 鳥取県県土整備部道路企画課，道路建設課（2009）：道路ネットワーク整備と鳥取県の経済成長．
39) 内閣府（2010）：平成19年度県民経済計算．

40) 細江宣裕，我澤賢之，橋本日出夫（2004）：テキストブック応用一般均衡モデリング－プログラムからシミュレーションまで－，東京大学出版会.
41) 宮城俊彦（2003）：氷解モデルを基礎とした地域間交易モデルの基本構造－応用一般均衡モデルによるアプローチ－，応用地域学研究，8，2，pp.15-31.
42) 文 世一（1998）：地域幹線道路網整備の評価－集積の経済にもとづく多地域モデルの適用，土木計画学ワンデーセミナー・シリーズ 15，応用一般均衡モデルの公共投資評価への適用.

索引

【い】
一般化交通費用 　　　　52
一般化費用 　　　　　　76
一般均衡理論 　　　　3, 135

【お】
応用一般均衡分析 　　　　3

【か】
家計の行動モデル 　　 5, 17
カルドア改善 　　　　　134
完全競争 　　　　　　　128
完全競争市場 　　　　3, 135

【き】
企業の行動モデル 　　 7, 18
基準均衡データ 　　　　 22
帰着便益分析 　　　　　130
規模に関して収穫一定 　　7
キャリブレーション手法 　22

【く】
空間的応用一般均衡モデル　4
グリッドサーチ法 　　38, 136

【け】
経済波及効果 　　　　　　1
計算アルゴリズム 　　　　8

【こ】
交易係数 　　　　　　　 19
厚生分析 　　　　　　　 26
交通量配分手法 　　　　 37

【さ】
サンクコスト 　　　　45, 137
3便益 　　　　　　　　　1

【し】
シェファードの補題 　　7, 136
市場均衡 　　　　　　　　8
市場均衡条件 　　　　　 20
社会的意思決定 　　　　130
社会的衡平性 　　　　 2, 11
需要と供給の法則 　　10, 136
消費地価格 　　　　　　　6

【せ】
世界貿易モデル 　　　　　4

【ち】
地域間交易係数 　　　4, 135

【と】
等価変分 　　　　　 27, 136

【は】
派生的需要 　　　　　　127
パラメータの設定 　　　 22
パレート改善 　　　　　134
パレート基準 　　　　2, 134
パレート最適 　　　　　134

【ひ】
ヒックス改善 　　　　　134
平等性 　　　　　　　　 11
費用便益比 　　　　　　　1
費用便益分析 　　　　　　1

【ふ】
不完全競争市場 　　　　128

【ほ】
補償原理 　　　　　　2, 134
本源的需要 　　　　　　127

【ま】
マークアップ 　　　　52, 137

【ら】
ラグランジュ法 　　　6, 135

【ろ】
ロジットモデル 　　　 4, 19

索　引

【B】
B/C　　　　　　　　　　1

【C】
CES　　　　　　　　　137
CES型関数　　　20, 52, 137
CGEurope　　　　　　　13

【F】
c.i.f. 価格　　　　　6, 7, 135

【F】
f.o.b. 価格　　　　　　7, 135

【G】
GAMS　　　　　　　　　3

【I】
Iceberg型の交通費用　　8, 136

【R】
RAEM-Light　　　　　　14
RAEMモデル　　　　　　13

―― 著者略歴 ――

- 1992年 岐阜大学工学部土木工学科卒業
- 1994年 岐阜大学大学院工学研究科博士前期課程修了(土木工学専攻)
- 1994年 岐阜大学助手
- 1998年 長岡技術科学大学助手
- 1999年 博士(工学)(岐阜大学)
- 2000年 鳥取大学助教授
- 2007年 鳥取大学准教授
- 2011年 神戸大学大学院教授
    現在に至る

社会資本整備の空間経済分析
―汎用型空間的応用一般均衡モデル(RAEM-Light)による実証方法―
Spatial Economic Analysis of Social Overhead Capital
― Application of Spatial Computable General Equilibrium Model(RAEM-Light)―

Ⓒ Atsushi Koike 2019

2019年1月21日 初版第1刷発行 ★

検印省略	著 者	小池 淳司	
	発行者	株式会社 コロナ社	
		代表者 牛来真也	
	印刷所	新日本印刷株式会社	
	製本所	有限会社 愛千製本所	

112-0011 東京都文京区千石 4-46-10
発行所 株式会社 コロナ社
CORONA PUBLISHING CO., LTD.
Tokyo Japan
振替00140-8-14844・電話(03)3941-3131(代)
ホームページ http://www.coronasha.co.jp

ISBN 978-4-339-05234-3 C3051 Printed in Japan (齋藤)

JCOPY <出版者著作権管理機構 委託出版物>
本書の無断複製は著作権法上での例外を除き禁じられています。複製される場合は、そのつど事前に、出版者著作権管理機構(電話 03-5244-5088, FAX 03-5244-5089, e-mail: info@jcopy.or.jp)の許諾を得てください。

本書のコピー、スキャン、デジタル化等の無断複製・転載は著作権法上での例外を除き禁じられています。購入者以外の第三者による本書の電子データ化及び電子書籍化は、いかなる場合も認めていません。
落丁・乱丁はお取替えいたします。

環境・都市システム系教科書シリーズ

（各巻A5判，欠番は品切です）

- ■編集委員長　澤　孝平
- ■幹　　　事　角田　忍
- ■編集委員　　荻野　弘・奥村充司・川合　茂
  　　　　　　　嵯峨　晃・西澤辰男

配本順		書名	著者	頁	本体
1.	(16回)	シビルエンジニアリングの第一歩	澤孝平・嵯峨晃・川合茂・角田忍・荻野弘・奥村充司・西澤辰男 共著	176	2300円
2.	(1回)	コンクリート構造	角田　忍・竹村和夫 共著	186	2200円
3.	(2回)	土質工学	赤木知之・吉村優治・上　俊二・小堀慈久・伊東　孝 共著	238	2800円
4.	(3回)	構造力学Ⅰ	嵯峨　晃・武田八郎・原　隆・勇　秀憲 共著	244	3000円
5.	(7回)	構造力学Ⅱ	嵯峨　晃・武田八郎・原　隆・勇　秀憲 共著	192	2300円
6.	(4回)	河川工学	川合　茂・和田　清・神田佳一・鈴木正人 共著	208	2500円
7.	(5回)	水理学	日下部重幸・檀　和秀・湯城豊勝 共著	200	2600円
8.	(6回)	建設材料	中嶋清実・角田　忍・菅原　隆 共著	190	2300円
9.	(8回)	海岸工学	平山秀夫・辻本剛三・島田富美男・本田尚正 共著	204	2500円
10.	(9回)	施工管理学	友久誠司・竹下治之 共著	240	2900円
11.	(21回)	改訂 測量学Ⅰ	堤　　隆 著	224	2800円
12.	(22回)	改訂 測量学Ⅱ	岡林　巧・堤　隆・山田貴浩・田中龍児 共著	208	2600円
13.	(11回)	景観デザイン―総合的な空間のデザインをめざして―	市坪　誠・小川総一郎・谷平　考・砂本文彦・溝上裕二 共著	222	2900円
15.	(14回)	鋼構造学	原　隆・山口隆司・北原武嗣・和多田康男 共著	224	2800円
16.	(15回)	都市計画	平田登基男・亀野辰三・宮腰和弘・武井幸久・内田一平 共著	204	2500円
17.	(17回)	環境衛生工学	奥村充司・大久保孝樹 共著	238	3000円
18.	(18回)	交通システム工学	大橋健一・柳澤吉保・高岸節夫・佐々木恵一・日野　智・折田仁典・宮腰和弘・西澤辰男 共著	224	2800円
19.	(19回)	建設システム計画	大橋健一・荻野　弘・西澤辰男・柳澤吉保・鈴木正人・伊藤　雅・野田宏治・石内鉄平 共著	240	3000円
20.	(20回)	防災工学	渕田邦彦・疋田　誠・檀　和秀・吉村優治・塩野計司 共著	240	3000円
21.	(23回)	環境生態工学	宇野宏司・渡部守義 共著	230	2900円

定価は本体価格＋税です。
定価は変更されることがありますのでご了承下さい。

図書目録進呈◆

土木・環境系コアテキストシリーズ

(各巻A5判)

■編集委員長　日下部 治
■編集委員　　小林 潔司・道奥 康治・山本 和夫・依田 照彦

共通・基礎科目分野

	配本順			頁	本体
A-1	(第9回)	土木・環境系の力学	斉木　　功 著	208	2600円
A-2	(第10回)	土木・環境系の数学 ― 数学の基礎から計算・情報への応用 ―	堀　宗朗／市村　強 共著	188	2400円
A-3	(第13回)	土木・環境系の国際人英語	井合　進／R. Scott Steedman 共著	206	2600円
A-4		土木・環境系の技術者倫理	藤原 章正／木村 定雄 共著		

土木材料・構造工学分野

B-1	(第3回)	構　造　力　学	野村 卓史 著	240	3000円
B-2	(第19回)	土　木　材　料　学	中村 聖三／奥松 俊博 共著	192	2400円
B-3	(第7回)	コンクリート構造学	宇治 公隆 著	240	3000円
B-4	(第4回)	鋼　構　造　学	舘石 和雄 著	240	3000円
B-5		構　造　設　計　論	佐藤 尚次／香月　智 共著		

地盤工学分野

C-1		応　用　地　質　学	谷　和夫 著		
C-2	(第6回)	地　盤　力　学	中野 正樹 著	192	2400円
C-3	(第2回)	地　盤　工　学	髙橋 章浩 著	222	2800円
C-4		環　境　地　盤　工　学	勝見　武／乾　徹 共著		

水工・水理学分野

配本順			頁	本体
D-1 (第11回)	水理学	竹原幸生著	204	2600円
D-2 (第5回)	水文学	風間聡著	176	2200円
D-3 (第18回)	河川工学	竹林洋史著	200	2500円
D-4 (第14回)	沿岸域工学	川崎浩司著	218	2800円

土木計画学・交通工学分野

E-1 (第17回)	土木計画学	奥村誠著	204	2600円
E-2 (第20回)	都市・地域計画学	谷下雅義著	236	2700円
E-3 (第12回)	交通計画学	金子雄一郎著	238	3000円
E-4	景観工学	川﨑雅史・久保田善明 共著		
E-5 (第16回)	空間情報学	須﨑純一・畑山満則 共著	236	3000円
E-6 (第1回)	プロジェクトマネジメント	大津宏康著	186	2400円
E-7 (第15回)	公共事業評価のための経済学	石倉智樹・横松宗太 共著	238	2900円

環境システム分野

F-1	水環境工学	長岡裕著		
F-2 (第8回)	大気環境工学	川上智規著	188	2400円
F-3	環境生態学	西村修・山田一裕・中野和典 共著		
F-4	廃棄物管理学	島岡隆行・中山裕文 共著		
F-5	環境法政策学	織朱實著		

定価は本体価格+税です。
定価は変更されることがありますのでご了承下さい。

図書目録進呈◆

土木計画学ハンドブック

コロナ社 創立90周年記念出版
土木学会 土木計画学研究委員会 設立50周年記念出版

土木学会 土木計画学ハンドブック編集委員会 編
B5判／822頁／本体25,000円／箱入り上製本／口絵あり

委員長：小林潔司
幹　事：赤羽弘和，多々納裕一，福本潤也，松島格也

可能な限り新進気鋭の研究者が執筆し，各分野の第一人者が主査として編集することにより，いままでの土木計画学の成果とこれからの指針を示す書となるようにしました。
第Ⅰ編の基礎編を読むことにより，土木計画学の礎の部分を理解できるようにし，第Ⅱ編の応用編では，土木計画学に携わるプロフェッショナルの方にとっても，問題解決に当たって利用可能な各テーマについて詳説し，近年における土木計画学の研究内容や今後の研究の方向性に関する情報が得られるようにしました。

目　次

――Ⅰ．基礎編――

1. 土木計画学とは何か（土木計画学の概要／土木計画学が抱える課題／実践的学問としての土木計画学／土木計画学の発展のために1：正統化の課題／土木計画学の発展のために2：グローバル化／本書の構成）
2. 計画論（計画プロセス論／計画制度／合意形成）
3. 基礎数学（システムズアナリシス／統計）
4. 交通学基礎（交通行動分析／交通ネットワーク分析／交通工学）
5. 関連分野（経済分析／費用便益分析／経済モデル／心理学／法学）

――Ⅱ．応用編――

1. 国土・地域・都市計画（総説／わが国の国土・地域・都市の現状／国土計画・広域計画／都市計画／農山村計画）
2. 環境都市計画（考慮すべき環境問題の枠組み／環境負荷と都市構造／環境負荷と交通システム／循環型社会形成と都市／個別プロジェクトの環境評価）
3. 河川計画（河川計画と土木計画学／河川計画の評価制度／住民参加型の河川計画：流域委員会等／治水経済調査／水害対応計画／土地利用・建築の規制・誘導／水害保険）
4. 水資源計画（水資源計画・管理の概要／水需要および水資源量の把握と予測／水資源システムの設計と安全度評価／ダム貯水池システムの計画と管理／水資源環境システムの管理計画）
5. 防災計画（防災計画と土木計画学／災害予防計画／地域防災計画・災害対応計画／災害復興・復旧計画）
6. 観光（観光学における土木計画学のこれまで／観光行動・需要の分析手法／観光交通のマネジメント手法／観光地における地域・インフラ整備計画手法／観光政策の効果評価手法／観光学における土木計画学のこれから）
7. 道路交通管理・安全（道路交通管理概論／階層型道路ネットワークの計画・設計／交通容量上のボトルネックと交通渋滞／交通信号制御交差点の管理・運用／交通事故対策と交通安全管理／TTS技術）
8. 道路施設計画（道路網計画／駅前広場の計画／連続立体交差事業／駐車場の計画／自転車駐車場の計画／新交通システム等の計画）
9. 公共交通計画（公共交通システム／公共交通計画のための調査・需要予測・評価手法／都市間公共交通計画／都市・地域公共交通計画／新たな取組みと今後の展望）
10. 空港計画（概論／航空政策と空港計画の歴史／航空輸送市場分析の基本的視点／ネットワーク設計と空港計画／空港整備と運営／空港整備と都市地域経済／空港設計と管制システム）
11. 港湾計画（港湾計画の概要／港湾施設の配置計画／港湾取扱量の予測／港湾投資の経済分析／港湾における防災／環境評価）
12. まちづくり（土木計画学とまちづくり／交通計画とまちづくり／交通工学とまちづくり／市街地整備とまちづくり／都市施設とまちづくり／都市計画・都市デザインとまちづくり）
13. 景観（景観分野の研究の概要と特色／景観まちづくり／土木施設と空間のデザイン／風景の再生）
14. モビリティ・マネジメント（MMの概要：社会的背景と定義／MMの技術・方法論／国内外の動向とこれからの方向性／これからの方向性）
15. 空間情報（序論―位置と高さの基準／衛星測位の原理とその応用／画像・レーザー計測／リモートセンシング／GISと空間解析）
16. ロジスティクス（ロジスティクスとは／ロジスティクスモデル／土木計画指向のモデル／今後の展開）
17. 公共資産管理・アセットマネジメント（公共資産管理／ロジックモデルとサービス水準／インフラ会計／データ収集／劣化予測／国際規格と海外展開）
18. プロジェクトマネジメント（プロジェクトマネジメント概論／プロジェクトマネジメントの工程／建設プロジェクトにおけるマネジメントシステム／契約入札制度／新たな調達制度の展開）

定価は本体価格+税です。
定価は変更されることがありますのでご了承下さい。

図書目録進呈◆